新工科视域下普通高等院校机器人学领域精品系列教材

机器人视觉基础：
MATLAB 编程与应用

主 编 付中涛 陈绪兵
副主编 方 杰 朱泽润 肖 莉

华中科技大学出版社
中国·武汉

内 容 简 介

机器人视觉作为机器视觉在智能机器人领域的拓展应用,充分体现了多学科交叉的重要性。本书深入探讨了机器人视觉在实际应用中所涉及的算法,并利用MATLAB编程语言进行了详尽的阐述。本书系统地阐释了机器人视觉系统的组成和工作原理,并配备了相应的MATLAB程序和PPT电子课件以辅助学习。

全书共10章:第1章绪论,阐述了机器人视觉系统的定义、组成、发展历程及其应用领域等;第2章至第7章为图像处理部分,包括数字图像基础、图像预处理、图像分割、图像特征提取、图像形态学以及图像模板匹配;第8章和第9章详细介绍了机器人视觉系统标定和3D视觉测量基础;第10章给出了机器人视觉的典型案例分析。

本书可作为高等工科院校机器人工程、机械电子工程、电子信息工程、计算机科学、自动化等专业本科生和研究生的教学参考书,同时也可供相关专业工程技术人员使用。

图书在版编目(CIP)数据

机器人视觉基础:MATLAB编程与应用 / 付中涛,陈绪兵主编. -- 武汉:华中科技大学出版社,2025.5.--(新工科视域下普通高等院校机器人学领域精品系列教材). -- ISBN 978-7-5772-1751-2

Ⅰ. TP242.6

中国国家版本馆CIP数据核字第202502X2B6号

机器人视觉基础:MATLAB编程与应用
Jiqiren Shijue Jichu : MATLAB Biancheng yu Yingyong

付中涛　陈绪兵　主编

策划编辑:张少奇
责任编辑:杜筱娜
封面设计:原色设计
责任监印:朱玢

出版发行:华中科技大学出版社(中国·武汉)　　电话:(027)81321913
　　　　　武汉市东湖新技术开发区华工科技园　　邮编:430223
录　　排:武汉三月禾文化传播有限公司
印　　刷:武汉市洪林印务有限公司
开　　本:787mm×1092mm　1/16
印　　张:8.5
字　　数:207千字
版　　次:2025年5月第1版第1次印刷
定　　价:36.80元

本书若有印装质量问题,请向出版社营销中心调换
全国免费服务热线:400-6679-118　竭诚为您服务
版权所有　侵权必究

前　言

机器人作为人工智能、智能制造等领域的典型应用载体,具备显著的技术附加值,在加快新质生产力发展方面发挥着至关重要的作用。机器人视觉作为机器视觉与机器人技术的融合,赋予了机器人"视觉"感知的能力,从而实现目标的引导、检测、测量、识别等功能,具有高度自动化和高效率的特点,极大地促进了机器人在智能制造、石油化工、自动驾驶、智慧医疗等多个领域的广泛应用,响应《"十四五"机器人产业发展规划》的战略需求。

机器人视觉技术是近年来高等院校面向机器人工程、自动化、机械电子工程等专业开设的课程。本书作者团队来自先进制造与智能机器人实验室(AMIR),编写本书旨在为读者提供全面且实用的参考书,帮助读者深入理解机器人视觉的基本原理与算法和相应的 MATLAB 编程方法,以及其在实际场景的应用,力求将理论与实践相结合,使读者能够学以致用。

本书共 10 章。第 1 章绪论,对机器人视觉的概念、系统组成、应用领域、发展趋势等进行了说明;第 2 章介绍了数字图像的基本概念、像素关系、数字化方法及灰度直方图等;第 3 章涵盖图像的几何变换、感兴趣区域、滤波、去噪等预处理技术内容;第 4 章讲解了基于阈值、区域、分水岭算法等的图像分割技术;第 5 章介绍了基于区域形状、灰度值、图像纹理等的图像特征提取方法;第 6 章介绍了图像形态学的概念,包括对二值图像和灰度图像的形态学运算;第 7 章介绍了模板匹配的基本原理和方法;第 8 章讲解了视觉相机参数标定、机器人手眼关系标定等关键技术;第 9 章涉及双目视觉、激光三角、结构光、TOF 等 3D 测量技术内容;第 10 章介绍了机器人视觉在测量、检测、识别、定位等方面的应用。

本书由武汉工程大学的付中涛、陈绪兵担任主编,方杰、朱泽润、肖莉担任副主编。武汉库柏特科技有限公司在资料收集、程序调试、案例优化和文字修订等多个方面给予了大力支持,在此表示感谢。特别感谢参与本书编写工作的研究生,包括邱召新、潘嘉滨、雷小榆、钱钰、吴松林、文天、李龙欢、王法福、陈飞扬、罗梓戈等,以及本科生李国豪和姚佳琪等。

机器人视觉技术发展迅速,限于编者水平,书中难免有疏漏和表达不当之处,诚挚希望读者批评指正。

编　者

2025 年 1 月

教学大纲

教学课件

教学视频

目 录

第1章 绪论 ·· (1)
  1.1 机器人视觉的概念 ··· (1)
  1.2 机器人视觉系统 ·· (4)
    1.2.1 工作原理 ·· (4)
    1.2.2 系统组成 ·· (4)
    1.2.3 常用的视觉开发软件 ··· (6)
  1.3 机器视觉的发展历程 ·· (8)
    1.3.1 国外发展历程 ·· (8)
    1.3.2 国内发展历程 ·· (9)
  1.4 机器人视觉的应用领域 ·· (10)
  1.5 机器人视觉的发展趋势 ·· (12)
  习题 ·· (13)

第2章 数字图像基础 ··· (14)
  2.1 图像 ··· (14)
    2.1.1 图像的分类 ··· (14)
    2.1.2 数字图像 ··· (15)
    2.1.3 数字图像的表示 ·· (15)
    2.1.4 颜色模型 ··· (16)
  2.2 图像的数字化 ··· (18)
    2.2.1 采样 ··· (18)
    2.2.2 量化 ··· (19)
    2.2.3 压缩编码 ··· (19)
    2.2.4 采样、量化与数字图像的关系 ··· (20)
  2.3 图像像素间的关系 ·· (21)
    2.3.1 邻域关系 ··· (21)
    2.3.2 邻接性和连通性 ·· (22)
    2.3.3 区域与边界 ·· (22)
    2.3.4 像素之间的距离 ·· (23)
  2.4 图像灰度直方图 ··· (24)
    2.4.1 直方图的性质 ··· (24)
    2.4.2 直方图的应用 ··· (25)
  习题 ·· (26)

第3章 图像预处理 ·· (27)
  3.1 图像的几何变换 ··· (27)
    3.1.1 图像的平移、旋转和缩放 ··· (27)

  3.1.2　图像的仿射变换 …………………………………………………… (29)
  3.1.3　图像的投影变换 …………………………………………………… (30)
 3.2　感兴趣区域 ……………………………………………………………… (31)
 3.3　图像增强 ………………………………………………………………… (32)
  3.3.1　直方图均衡化 ……………………………………………………… (32)
  3.3.2　增强对比度 ………………………………………………………… (33)
  3.3.3　处理失焦图像 ……………………………………………………… (34)
 3.4　图像平滑与去噪 ………………………………………………………… (35)
  3.4.1　均值滤波 …………………………………………………………… (35)
  3.4.2　中值滤波 …………………………………………………………… (36)
  3.4.3　高斯滤波 …………………………………………………………… (36)
 习题 ……………………………………………………………………………… (38)

第 4 章　图像分割 …………………………………………………………… (40)
 4.1　阈值分割 ………………………………………………………………… (40)
  4.1.1　全局阈值分割 ……………………………………………………… (40)
  4.1.2　局部阈值分割 ……………………………………………………… (43)
 4.2　区域分割 ………………………………………………………………… (45)
  4.2.1　区域生长法 ………………………………………………………… (45)
  4.2.2　区域分裂合并法 …………………………………………………… (46)
 4.3　边缘检测 ………………………………………………………………… (48)
  4.3.1　一阶微分算子 ……………………………………………………… (48)
  4.3.2　二阶微分算子 ……………………………………………………… (49)
 4.4　Hough 变换 ……………………………………………………………… (51)
 4.5　分水岭算法 ……………………………………………………………… (53)
 习题 ……………………………………………………………………………… (54)

第 5 章　图像特征提取 ……………………………………………………… (55)
 5.1　图像特征概述 …………………………………………………………… (55)
 5.2　基于区域形状的特征 …………………………………………………… (55)
 5.3　基于灰度值的特征 ……………………………………………………… (58)
 5.4　基于图像纹理的特征 …………………………………………………… (59)
 习题 ……………………………………………………………………………… (61)

第 6 章　图像形态学 ………………………………………………………… (62)
 6.1　数学形态学运算 ………………………………………………………… (62)
 6.2　二值图像的形态学运算 ………………………………………………… (63)
  6.2.1　腐蚀与膨胀运算 …………………………………………………… (64)
  6.2.2　开与闭运算 ………………………………………………………… (66)
  6.2.3　顶帽与底帽运算 …………………………………………………… (69)
  6.2.4　击中击不中运算 …………………………………………………… (70)
 6.3　灰度图像的形态学运算 ………………………………………………… (71)
  6.3.1　腐蚀与膨胀运算 …………………………………………………… (71)

  6.3.2 开与闭运算 ………………………………………………………………… (73)
  6.3.3 顶帽与底帽运算 …………………………………………………………… (75)
 6.4 二值图像的形态学应用 ……………………………………………………………… (75)
  6.4.1 边界提取 …………………………………………………………………… (76)
  6.4.2 孔洞填充 …………………………………………………………………… (77)
  6.4.3 骨架运算 …………………………………………………………………… (79)
 习题 …………………………………………………………………………………………… (80)

第7章 图像模板匹配 …………………………………………………………………… (82)
 7.1 图像模板匹配概述 …………………………………………………………………… (82)
 7.2 基于图像灰度值的模板匹配 ………………………………………………………… (83)
  7.2.1 模板匹配的原理 …………………………………………………………… (83)
  7.2.2 基于灰度相关性的模板匹配的算法 ……………………………………… (85)
 7.3 基于图像特征的模板匹配 …………………………………………………………… (87)
  7.3.1 不变矩匹配法 ……………………………………………………………… (87)
  7.3.2 距离变换匹配法 …………………………………………………………… (89)
  7.3.3 最小均方误差匹配法 ……………………………………………………… (89)
 7.4 图像金字塔 …………………………………………………………………………… (91)
 7.5 模板图像的创建 ……………………………………………………………………… (93)
  7.5.1 从图像特定区域中创建模板 ……………………………………………… (93)
  7.5.2 使用 XLD 轮廓创建模板 …………………………………………………… (94)
 习题 …………………………………………………………………………………………… (95)

第8章 机器人视觉系统标定 …………………………………………………………… (96)
 8.1 视觉相机参数的标定 ………………………………………………………………… (96)
  8.1.1 坐标系的建立与变换 ……………………………………………………… (96)
  8.1.2 畸变模型 …………………………………………………………………… (98)
  8.1.3 相机参数标定的流程 ……………………………………………………… (99)
 8.2 机器人手眼关系标定 ………………………………………………………………… (101)
  8.2.1 标定原理 …………………………………………………………………… (101)
  8.2.2 标定方程 $\boldsymbol{AX}=\boldsymbol{XB}$ 的求解 ……………………………………………… (103)
  8.2.3 实例分析 …………………………………………………………………… (104)
 习题 …………………………………………………………………………………………… (104)

第9章 3D 视觉测量基础 ……………………………………………………………… (106)
 9.1 双目视觉测量法 ……………………………………………………………………… (106)
  9.1.1 工作原理 …………………………………………………………………… (107)
  9.1.2 工作流程 …………………………………………………………………… (108)
  9.1.3 实例分析 …………………………………………………………………… (108)
 9.2 激光三角测量法 ……………………………………………………………………… (110)
  9.2.1 工作原理 …………………………………………………………………… (110)
  9.2.2 分类 ………………………………………………………………………… (110)
  9.2.3 工作流程 …………………………………………………………………… (112)

9.3 结构光测量法 …………………………………………………………………… (113)
9.4 飞行时间测量法 ………………………………………………………………… (114)
9.5 四种 3D 测量方法的比较 ……………………………………………………… (115)
习题 ………………………………………………………………………………… (115)

第 10 章 典型案例分析 ……………………………………………………………… (116)
10.1 概述 ……………………………………………………………………………… (116)
10.2 视觉测量 ………………………………………………………………………… (116)
10.3 视觉检测 ………………………………………………………………………… (117)
10.4 视觉识别 ………………………………………………………………………… (118)
10.5 视觉定位 ………………………………………………………………………… (121)
10.6 机器人视觉伺服 ………………………………………………………………… (122)
习题 ………………………………………………………………………………… (125)

参考文献 ……………………………………………………………………………… (126)

第 1 章　绪　　论

机器人作为智能制造和人工智能领域的标志性代表,拥有极高的技术附加值,并且应用领域极为广泛,在推动新质生产力和社会发展方面扮演着关键的角色。整合视觉传感器技术,为机器人配备一双"慧眼",可以极大地提升机器人在操作过程中的定位、识别、测量、控制等关键功能。机器人视觉技术,作为机器人学与机器视觉的交叉领域,其核心在于使机器人能够感知作业环境中目标物体的形状、位姿以及运动等几何物理信息。

本章首先阐述了机器人视觉的基本概念及系统构成,随后讲解了机器人视觉领域常用的软件开发工具,最后介绍了机器人视觉在不同领域的实际应用以及发展趋势。

1.1　机器人视觉的概念

随着信号处理和计算机技术的不断发展,人们试图用摄像机捕获环境图像并将其转换成数字信号。这一过程涉及图像处理、计算机视觉与机器视觉等内容,它们是计算机科学的重要分支。其中,机器视觉是一个跨学科领域,融合了光学、机械、电子、计算机等方面的技术,与计算机、图像处理、模式识别、人工智能、信号处理、光机电一体化等多个领域紧密相关。图像处理、计算机视觉、机器视觉这三者在理论上存在一定的交叉重叠(见图1.1),但它们各自的侧重点存在差异。接下来对这三个概念进行定义。

(1) 图像处理(image processing):涉及将输入图像转换为另一种形式的过程,人类作为最终的解释者。

(2) 计算机视觉(computer vision):致力于使计算机能够通过一幅或多幅图像来理解周围环境,模仿人类视觉系统,从而实现视觉功能。它涉及感知、识别和理解外部环境以及控制自身运动,是一门致力于让机器具备"视觉"能力的学科,本质上是人类视觉能力在机器上的拓展。

(3) 机器视觉(machine vision):在计算机视觉理论的基础上,基于软件与硬件的组合,通过光学装置和非接触式传感器自动获取和处理一个真实物体的图像,并利用软件算法处理图像以提取所需信息或控制自动化设备运动。它侧重于将计算机视觉技术应用于工程实践,即利用机器替代人眼进行测量和判断。

机器人视觉(robot vision)是机器视觉技术在机器人领域的拓展与应用,它赋予机器人类似于人类视觉的能力,使其能够通过视觉获取外界信息并进行认知与处理,也就是将机器人与机器视觉结合。机器人视觉系统内含光学成像系统,可以作为机器人的视觉器官实现信息的输入,并用视觉控制器代替人脑实现信息的处理与输出,从而赋予机器人获得与处理外界信息的能力。这使得机器人能够替代人类完成生产过程中的识别、测量、定位和检测等

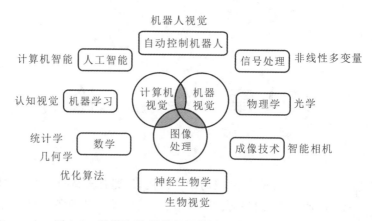

图 1.1 图像处理、计算机视觉、机器视觉之间的关系

操作任务。

正如动物和人类的生存和发展依赖于"眼睛",视觉信息占据了我们获取信息总量的 80% 以上。对于机器人而言,视觉同样是其重要的感知手段,它向机器人提供了丰富的周围环境信息,使得机器人能够直接与周围环境进行智能交互。图 1.2 列出了几个典型的视觉技术应用于机器人的场景,借助视觉技术,机器人能够识别被操作对象的位置和姿态,以及对象间的相对位置关系,从而实现精确的交互。

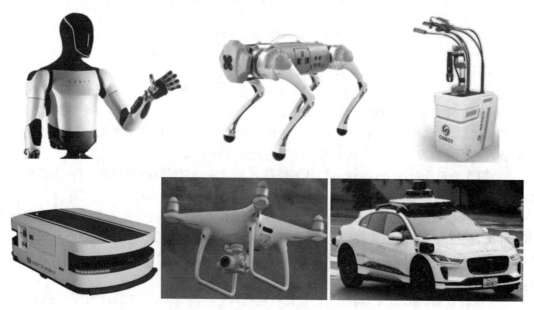

图 1.2 视觉技术应用于机器人的场景

机器人视觉的优点包括以下几个方面:

(1) 感知能力强与效率高。能够实时捕获周围环境的视觉信息,为后续的图像处理和识别定位提供必要的输入,快速地处理视觉信息并辅助机器人作出决策。

(2) 自主性高与连续作业。在无须人工干预的情况下,机器人能够自主完成导航、目标识别、物体抓取等多项任务,有效减轻了人员的劳动强度。

(3) 精确度高且无须接触。作为一种精确的感知方式,设计卓越的视觉系统能够对超过 1000 个部件进行精确的空间感知。这种感知方式无须接触,确保了极高的安全性和可靠性,是其他感知方式难以比拟的。

(4) 适应性强与灵活性好。能够适应不同的光照条件、背景干扰情况等,并可执行多种不同的操作任务。当应用需求发生变化时,系统能够灵活地进行调整或升级,以满足新的要求。

(5) 应用领域广泛。在工业自动化、医疗健康、无人驾驶等多个领域得到广泛应用,特别是在一些不适合人工操作的危险环境或人类视觉难以达到要求的情况下,机器人视觉系统常被用来替代人类视觉。

相较于人类视觉,机器人视觉可以观察到人眼观察不到的频谱范围,如红外线、微波、超声波等,还可以利用传感器形成红外线、微波、超声波等图像。人类视觉在持续观察方面存在局限,而机器人视觉则不受时间限制,它具备极高的分辨率和处理速度,展现了其显著的优势。人类视觉与机器人视觉的性能对比见表1.1。

表1.1 人类视觉与机器人视觉的性能对比

性能	人类视觉	机器人视觉
适应性	适应性强,可在复杂及变化的环境中识别目标	适应性差,容易受复杂背景及环境变化的影响
智能	具有高级智能,可运用逻辑分析及推理能力识别变化的目标,并能总结规律	虽然可利用人工智能及神经网络技术,但智能水平低,不能很好地识别变化目标
彩色识别能力	对色彩的分辨能力强,但容易受人的心理影响,不能强化	受硬件条件的约束,对色彩的分辨能力较差,但具有可量化的优点
灰度识别能力	弱,能分辨64个灰度级,不能分辨微小目标	强,超过256个灰度级,可观测微米级目标
空间识别能力	分辨率较差,不能观看细小的目标	有4 K×4 K的面阵相机和8 K的线阵相机,通过各种光学镜头,可以观测小到微米,大到天体的目标
速度	0.1 s的视觉暂留使人眼无法看清以较快速度运动的目标	快门时间可达到10 ms左右,高速相机帧率可达到1000 f/s以上,处理器的速度越来越快
感光范围	400~750 nm范围内的可见光	从紫外到红外的较宽光谱范围,此外还有X光等特殊摄像
环境要求	对环境温度、湿度的适应性差,另外有许多场合对人有损害	对环境适应性强,还可加装防护罩
观测精度	精度低,无法量化	精度高,可到微米级,易量化
其他	主观性,受心理影响,易疲劳	客观性,可连续工作

1.2 机器人视觉系统

1.2.1 工作原理

机器人视觉系统通过视觉系统使机器人获取环境信息,从而引导机器人完成一系列动作和特定行为,以完成测量和判断等任务。

如图1.3所示,机器人视觉系统的工作原理如下:在整个系统运行时,采用视觉相机获取检测对象的图像信号,然后将图像信号传送给图像采集卡。图像采集卡根据像素分布以及亮度和颜色等信息,将图像信号转换为数字化信号。视觉图像分析软件对这些数字化信号执行各种运算,以提取检测对象的特征,例如面积、数量、位置和长度。接着,系统依据预设的容差和其他条件输出结果,这些结果可能包括尺寸、角度、数量、合格/不合格判定以及存在/缺失信息,从而实现自动识别功能。处理结果随后用于与机器人进行通信,实现工件坐标系与机器人坐标系之间的转换,调整机器人使其运动到最佳位姿,并最终引导机器人完成指定作业任务。

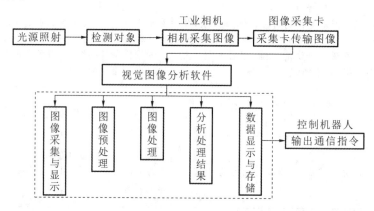

图1.3 机器人视觉系统工作原理框图

1.2.2 系统组成

一个完整的机器人视觉系统主要由图像采集单元、图像信息处理与识别单元、结果显示单元、视觉系统控制单元,以及机器人单元组成,各个单元模块相辅相成,缺一不可。图像采集单元通常包括光源、镜头、数字相机和图像采集卡等组件。在光源的照明下,图像采集单元负责获取目标物体的图像信息,并通过图像采集卡将这些信息传输给图像信息处理与识别单元;图像信息处理与识别单元则对图像的灰度分布、亮度和颜色等信息进行运算处理,从中提取出目标物体的相关特征,完成对目标对象的测量、识别和NG(否)判定,并将其判定结论提供给视觉系统控制单元;视觉系统控制单元根据这些判定结果控制现场的机器人单元,执行对目标物体的相应操作。机器人视觉系统的组成如图1.4所示,具体如下。

(1)光源:作为辅助成像设备,对成像质量起着至关重要的作用。光源在成像单元中主要负责照亮目标物体并突出可视化特征,可以根据场景需求设计成各种形状、尺寸、颜色以及照射角度。目前常用的光源主要有LED光源、高频荧光灯、光纤卤素灯、氙灯以及激光

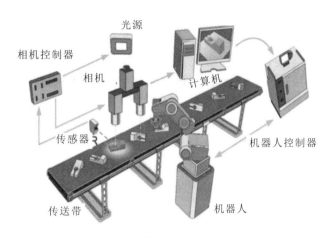

图 1.4　机器人视觉系统的组成

等,其中 LED 光源最为常用。

(2) 工业镜头:作为成像器件,通常与工业相机结合使用,具有多种标准机械接口,如 C 接口、CS 接口、F 接口、M42 接口、M72 接口等,其质量与性能对于获取的外部图像质量有着决定性的作用。镜头的主要功能是实现光束的变换,可以将成像目标映射在图像传感器的光敏面上,实现外部信息的获取。相对于普通镜头,工业镜头具有分辨率高、畸变小等优点。

(3) 工业相机:即成像设备。视觉系统通常由一套或者多套成像设备组成。若采用多路相机配置,则可通过图像卡切换来采集图像数据,或者利用同步控制同时获取多个相机通道的数据,以满足不同应用场景的需要。常见的工业相机主要为基于 CCD(charge coupled device,感光耦合组件)芯片的或 CMOS 芯片的相机,按照采集方式又分为面阵相机和线阵相机。与消费级相机相比,工业相机主要应用于环境复杂程度高,对精度、稳定性要求更高的工业场景,需要具备更高的稳定性、抗干扰能力以及信息传输能力。目前工业相机常用的数据接口有 GigE、Camera、Link、USB3.0、CoaXPress 等。

(4) 传感器:通常采用光电开关、接近开关等设备,用于检测目标物体的位置和状态,并据此触发图像传感器进行数据采集。

(5) 图像采集卡:通常以插卡方式安装在计算机的主板上,主要工作是把相机输出的图像传输至计算机。它负责将来自相机的模拟或数字信号转换为特定格式的图像数据流,并同时调节相机的多个参数,例如触发信号、曝光时间、积分时间、快门速度等。不同类型的相机通常需要不同硬件结构的图像采集卡以及不同的总线接口,包括但不限于 PCI、PC104、ISA 等。鉴于机器人视觉系统对精度和速度的要求,图像采集卡必须能够及时准确地高效处理大吞吐量数据。

(6) 工业计算机:一个 PC 式视觉系统的核心,其功能是处理图像数据和执行控制逻辑。在检测的应用场景中,通常需要配备高频 CPU 以缩短处理时间;此外,为了减少工业现场中电磁干扰、振动、灰尘和温度变化等不利因素的影响,必须选择工业级计算机,简称工控机。

(7) 视觉处理软件:主要完成输入的图像数据的处理,然后通过一定的运算得出结果,输出结果可能是 PASS/FAIL 信号、坐标位置、字符串等。

(8) 控制单元:涵盖 I/O 端口、运动控制、电平转换等。在视觉软件完成图像分析后,它负责与外部设备通信,以实现对生产流程的精确控制。对于简单的控制任务,控制单元可以利用图像采集卡内置的 I/O 端口来完成;而对于复杂的控制任务,控制单元则需借助附加的 PLC(可编程逻辑控制器)、运动控制卡来实现必要的动作。

(9)机器人:作为执行动作的系统,机器人能够根据视觉识别结果,将识别到的目标物体准确地移动至预定位置,如串/并联机器人等。

1.2.3 常用的视觉开发软件

视觉开发领域常用的软件覆盖了多个范畴,涉及图像处理软件以及机器视觉库等。以下列举了一些常用的视觉开发软件。

1. VisionPro

康耐视公司(Cognex)推出的 VisionPro 融合了世界领先的机器视觉技术,展现出快速且强大的应用系统开发能力。VisionPro 是一款专为复杂 2D 和 3D 视觉应用设计的计算机视觉软件,主要用于配置和部署视觉应用。其中,VisionPro QuickStart 利用拖放工具,能够显著加速应用原型的开发。与 MVS-8100 系列图像采集卡相结合,VisionPro 使用户能够迅速开发和配置出功能强大的机器视觉应用系统。无论是使用相机还是使用图像采集卡,VisionPro 都能帮助用户执行包括几何对象定位、识别、测量与对准在内的多种功能,以及针对半导体和电子产品的特定功能。VisionPro 具有以下特点:

1)集成经过验证的、可靠的视觉工具

通过 VisionPro,用户可以访问一系列功能强大的视觉工具库,包括图案匹配、斑点、卡尺、线位置、图像过滤、光学字符识别(OCR)和光学字符验证(OCV)等,实现检测、识别和测量等多种功能。VisionPro 还完全集成了.NET 类库和用户控件。

2)快速而灵活的应用开发

VisionPro QuickBuild 快速原型设计环境结合了高级编程的先进性、灵活性与易用性,让用户可以轻松加载和执行作业,选择手动配置工具或由智能软件动态地固定工具。此外,基于可重复使用的工具组和用户定义工具,VisionPro 能够缩短开发时间。

3)可访问突破性的深度学习图像分析

VisionPro ViDi 是首款专为工业图像分析设计的深度学习软件,针对复杂检测、元件定位、分类、光学字符识别进行了优化,其效率和准确度远超优秀检测员。

4)集成、通用的通信和图像采集

借助 VisionPro 软件,用户可以利用任意相机或图像采集卡,使用功能强大的视觉软件。康耐视公司的采集技术支持所有类型的图像采集方式,包括模拟、数字、彩色、单色、区域扫描、线扫描、高分辨率、多通道和多路复用,支持数百种工业相机和视频格式,满足机器视觉应用中的各种读取需求。

2. NI 的视觉开发模块

美国国家仪器有限公司(NI)推出的视觉开发模块,旨在为致力于机器视觉研究的科学家、工程师和技术人员提供专业化支持。该模块由 NI Vision Builder、IMAQ Vision、NI Vision Assistant 等组件构成。NI Vision Builder 是一个无须编程的交互式开发环境,允许开发人员迅速构建视觉应用系统的模型;IMAQ Vision 则是一个功能丰富的图像处理函数库,它将 400 多种图像处理函数集成到 LabVIEW、Measurement Studio、LabWindows/

CVI、Visual C++和 Visual Basic 等开发环境中,为图像处理提供了全面的开发工具;NI Vision Assistant 提供了一个直观的环境,无须编程即可直接利用 LabVIEW 快速形成视觉应用。NI Vision Assistant 与 IMAQ Vision 的紧密协作,极大地简化了视觉软件的开发流程。NI Vision Assistant 能够自动生成 LabVIEW 程序框图,这些框图包含了建模过程中的一系列操作功能,并且可以将这些程序框图集成到自动化应用或生产测试应用中,用于运动控制、仪器控制和数据采集等。其主要功能包括:

(1) 作为高级机器视觉、图像处理及显示工具;

(2) 实现高速模式匹配,用于定位各种大小和方向不同的对象,即便在光线条件不佳的情况下也能准确完成;

(3) 进行颗粒分析,计算包括对象面积、周长和位置在内的 82 个参数;

(4) 提供条形码、二维码和 OCR 读取工具;

(5) 纠正透镜变形和相机视角的图像校准;

(6) 执行灰度、彩色和二值图像处理及分析。

3. HALCON

德国 MVTec 公司开发的图像处理软件 HALCON,实际上是一个功能强大的图像处理库。它由超过 1000 个函数和 1 个底层数据管理核心构成,提供了包括滤波、色彩处理、数学转换、形态学计算分析、校正、分类辨识、形状搜寻在内的各种基本几何和视频计算功能。由于这些功能并非专为特定应用设计,HALCON 的计算分析能力在图像处理领域得到了广泛应用,其应用范围覆盖了医学、遥感探测、监控以及工业自动化检测等多个领域。

HALCON 支持 Windows、Linux、macOS 等操作系统,确保了其运行的有效性。整个函数库可通过 C/C++、C♯、Visual Basic、Delphi 等多种编程语言进行访问。此外,HALCON 为超过 100 种工业相机和图像采集卡提供了接口,确保了硬件的独立性,这些接口包括 GenlCam、GigE 等。HALCON 具有以下特点:

(1) 为了帮助用户快速开发视觉系统,HALCON 采用了一种交互式程序设计界面 HDevelop。用户可以直接在该界面中编写、修改 HALCON 程序代码,并执行程序。同时,用户可以实时查看计算过程中的所有变量,设计完成后,可以直接输出为 C/C++、C♯、Visual Basic 等编程语言的代码。

(2) HALCON 支持 60 余种相机,用户还可以利用 HALCON 的开放式架构,自行编写 DLL 文件链接库。

(3) HALCON 提供了强大的 3D 视觉处理功能,所有 3D 技术均可用于表面重构;同时,也支持直接通过 3D 扫描仪进行三维重构。此外,针对表面检测中的特殊应用,HALCON 对光度立体视觉方法进行了改善。

4. OpenCV

Intel 公司推出的 OpenCV(open source computer vision library)是一个开源的跨平台计算机视觉和机器学习软件库,它基于 Apache 2.0 许可证发行,兼容 Linux、Windows、Android 和 macOS 等操作系统。OpenCV 以其轻量级和高效性著称,主要由一系列 C 函数和少量 C++类组成,并提供了 Python、Ruby、MATLAB 等编程语言的接口。该库实现了众多图像处理和计算机视觉领域的通用算法。作为 2500 多种优化算法的集合,OpenCV 能够执行多种任务,例如检测和识别不同的人脸、实时识别图像中的对象、利用视频和网络摄像头对人类动作进行分类、跟踪摄像机的运动、跟踪运动对象、实时计数对象、缝合图像以生成高分辨率图像、从图像数据库中检索相似图像、消除使用闪光灯拍摄的图像中的红眼并提升图像质量、跟踪眼睛和脸部的运动等。

OpenCV 在实际应用中的重要性主要体现在以下几个方面：

（1）丰富的功能。OpenCV 提供了丰富的功能，包括图像处理、特征提取、目标检测、人脸识别、三维重建、机器学习等，几乎覆盖了计算机视觉领域的所有基础任务。

（2）跨平台兼容性。OpenCV 能够在 Windows、Linux、macOS 等多种操作系统上运行，并支持 C++、Python、Java 等多种编程语言，极大地扩展了其在不同项目中的应用范围并提高了灵活性。

（3）开源且免费。作为开源项目，OpenCV 的源代码可以免费获取和使用，这不仅降低了使用成本，还便于开发者根据具体需求进行定制和扩展。

（4）高效性能。OpenCV 经过精心优化，运行效率高，能够满足对实时性要求较高的应用场景。

（5）活跃的社区。OpenCV 拥有庞大的用户基础和活跃的社区，为开发者提供了丰富的资源和支持，包括教程、示例代码、问题解答等。

（6）广泛的应用领域。OpenCV 的应用范围非常广泛，涉及自动驾驶、智能家居、医学影像、机器人视觉等多个领域，对这些领域的技术进步具有显著的推动作用。

5. MATLAB

MATLAB 作为全球范围内广受欢迎的数字计算软件，具有强大的矩阵运算与图像处理能力。它拥有简洁的用户界面和直观的操作方式，使得用户能够轻松掌握。此外，MATLAB 是开发图像处理系统的理想选择。使用 MATLAB 编写视觉处理代码，即使是计算密集、过程复杂的任务，也能迅速获得精确的数据结果，并且能够生成直观的图形展示。

1.3 机器视觉的发展历程

正如前文所述，机器人视觉是机器视觉在机器人领域的应用与拓展。关于机器人的发展历程，已在众多有关机器人的教材中详尽阐述，故本节将重点介绍机器视觉在国内外的发展历程，如图 1.5 所示。

1.3.1 国外发展历程

（1）启蒙阶段：在 20 世纪 50 年代，研究者们开始探索二维图像的统计模式识别，特别是光学字符识别，它被应用于工件表面、显微和航空图片的分析。在工业领域，光学字符识别最初主要用于条形码。此外，它也被用于工业图像分析，以简单评估工件质量，有时也应用于医疗领域（如分析显微图像）以及航空领域，尽管当时这些应用并未广泛普及。进入 20 世纪 60 年代，麻省理工学院的 Roberts 教授开始研究三维视觉，他从数字图像中识别出立方体、棱柱等三维结构并进行描述，这是三维视觉应用的开端。三维视觉，即现今所称的"3D 测量"，在当时的应用还仅限于实验室环境或特定行业。

（2）发展阶段：到了 20 世纪 70 年代，视觉运动系统由 Guzman 和 Mackworth 提出。1977 年，David Marr 教授在麻省理工学院人工智能实验室领导了一个以博士生为主的团

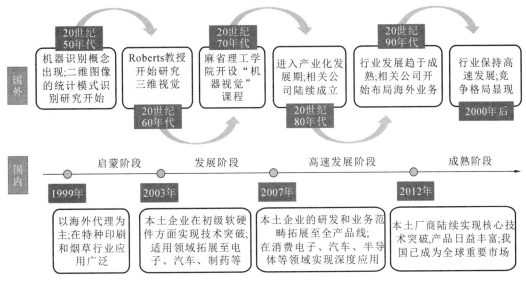

图 1.5 机器视觉的发展历程

队,提出了与"积木世界"分析方法不同的计算视觉理论。同时,麻省理工学院人工智能实验室开设了"机器视觉"课程,由国际知名学者 Hom 教授授课,该课程所涉及的理论在 20 世纪 80 年代成为机器视觉研究领域的一个核心理论框架,吸引了众多著名学者加入麻省理工学院,共同研究机器视觉的理论、算法和系统设计。

(3) 高速发展阶段:20 世纪 80 年代,随着全球机器视觉研究热潮的到来,该领域迎来了高速发展。众多新概念、新方法和新理论不断涌现,包括基于感知特征群的物体识别理论框架、主动视觉理论框架和视觉集成理论框架等。

(4) 成熟阶段:到目前为止,机器视觉仍然是一个非常活跃的研究领域,与之相关的学科有图像处理、计算机图形学、模式识别、人工智能、人工神经元网络等。深度学习(deep learning,DL)几乎成了如今机器视觉研究的标配,人脸识别、图像识别、视频识别、行人检测、大规模场景识别等都用到了深度学习方法。

1.3.2 国内发展历程

与国外相比,虽然我国机器视觉的发展较慢,但也取得了一些成果,近百家专注于机器视觉的企业活跃在安防、医疗、金融等多个领域。

(1) 启蒙阶段:国内企业最初主要通过代理业务为客户提供服务。与此同时,国内开始培育跨学科的机器视觉人才,他们从掌握图像的采集和传输过程、评估图像质量起步,逐渐利用国外的视觉软硬件产品构建基础的机器视觉应用系统。早期的机器视觉从业者与国际先进企业合作,通过广泛的市场宣传、技术交流和培训、项目辅导等手段,不断教育和引导国内客户理解机器视觉技术和产品,从而发掘机器视觉技术的应用场景,由此拉开了中国机器视觉行业的序幕。

(2) 发展阶段:中国的机器视觉产业正处于积极开发自主核心技术和创新的阶段。众多企业已经研发出多种机器视觉软硬件设备,并在该领域及系统集成方面实现了重大突破。国内制造商纷纷推出了全系列的模拟接口和 USB2.0 接口相机及采集卡,逐步在相机的入门级市场中占据了主导地位。此外,市场上也涌现出一批专注于机器视觉平台软件产品开发的企业,例如凌云科技。随着电子制造业全面向"中国制造"转型,视觉技术在相关设备中的应用也得到了迅猛发展。例如,在 PCB(印刷电路板)检测、SMT(表面贴装技术)检测等国产设备领域,国内企业迅速崛起,依靠其产品输出和服务的优势,成功满足了国内市场的需求。

(3)高速发展阶段:众多机器视觉核心器件研发厂商如雨后春笋般涌现,涵盖了从相机、采集卡、光源、镜头到图像处理软件等关键领域。数十家机器视觉技术的实践者凭借他们的智慧和不懈努力,共同塑造了中国制造的机器视觉产品。随着这些产品功能的持续完善,国内企业在机器视觉技术领域也取得了显著的进步。

(4)成熟阶段:随着机器视觉行业从 2D 技术向 3D 技术的递进,以及 AI 技术和深度学习的应用,机器视觉产品的技术迭代不断加速。众多机器视觉核心器件研发厂商出现,从相机、采集卡、光源、镜头到图像处理软件,这些产品的性能在广泛实践中不断完善,国内企业的机器视觉技术能力得到了长足的进步,已成为全球重要市场。

1.4　机器人视觉的应用领域

随着我国产业智能化升级的不断深入,机器人视觉技术也广泛应用于 3C 电子、新能源、半导体、汽车、食饮、医药、光伏等各个行业中,主要实现产线上作业任务的识别、测量、定位与检测四大基本功能,具体见表1.2。

表 1.2　机器人视觉的四大基本功能与应用领域

应用领域	识别	测量	定位	检测
应用领域	基于目标物体的外形、颜色或字符等特征进行甄别	将图像像素信息标定成常用的度量衡单位,精准计算出目标物的几何尺寸	在识别出物体的基础上准确确定物体的坐标和角度信息,自动判别物体位置	对目标物体进行表面装配检测、表面印刷缺陷检测以及表面形状缺陷检测等
3C 电子	轮廓度检测、PIN 针及字符检测、线缆颜色检查等	芯片缺陷检测、PCB 锡焊检测、字符缺陷检测等	耳机孔定位、液晶屏 AA 区(有效显示区)定位、手机麦克风的装配与定位等	芯片缺陷检测、PCB 锡焊检测、字符缺陷检测等
新能源	电芯极性正反判断、焊点检测、电池二维码识别等	极耳尺寸测量、卷绕机测极片定位、电池包定位、方形电池尺寸测量等	极片定位、电池包定位、入壳机极耳定位等	涂布缺陷检测、极片表面缺陷检测、模组焊点缺陷检测等
半导体	晶圆字符识别等	AOI(自动光学检测)外观尺寸测量、锡膏 3D 检测、SMD(表面贴装器件)包装检查等	AOI 引脚贴合、PIN 脚定位、芯片定位组装等	LED 表面缺陷检测、硅片表面缺陷检测、芯片缺陷检测、Wafer(晶圆)表面检测等
汽车	标签字符检测、零件条码读取、面板识别检测等	轴承尺寸测量、零配件缺陷测量等	汽车轮毂定位、汽车电路基板定位等	钣金焊点检测、雨刷检测、钣金件外观检测等

续表

	识别	测量	定位	检测
应用领域	基于目标物体的外形、颜色或字符等特征进行甄别	将图像像素信息标定成常用的度量衡单位,精准计算出目标物的几何尺寸	在识别出物体的基础上准确确定物体的坐标和角度信息,自动判别物体位置	对目标物体进行表面装配检测、表面印刷缺陷检测以及表面形状缺陷检测等
食饮	易拉罐底部字符识别、瓶子计数等	塑料瓶、玻璃瓶外观尺寸检测,鸡蛋大小检测等	饮料罐装定位、蛋黄定位等	茶叶质量检测、玻璃瓶质量检测、果冻包装检测等
医药	—	胶囊、药片尺寸测量等	液体制剂灌装定位等	药品缺陷检测、针管检测、口服液杂质检测等
光伏	—	硅棒端面测量、硅片尺寸测量、银胶引线测量等	电池板焊接定位、涂锡定位、硅片轮廓定位等	焊接表面外观检测、电池片缺陷检测等

自动化识别在3C电子、新能源、物流等多个行业中得到了广泛应用。基于行业的特殊需求,有些行业必须对产品或物件信息进行精确的扫描、识别、读取和记录。因此,这些行业对机器视觉的识别能力有着较高的要求。与传统的人眼识别相比,机器视觉识别不仅识别频率更高,而且错误率更低,显著提高了产品的生产效率和安全性。视觉识别的应用场景见图1.6。

包裹的识别分选

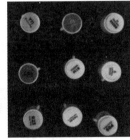
瓶盖字符识别

车牌识别

图1.6 视觉识别的应用场景

测量技术的应用主要集中在汽车、物流、重工等行业,这些行业对工件或物品的形状、体积、尺寸等方面有着明确的测量需求。以汽车行业为例,在汽车零部件的生产过程中,由于涉及后续的成品组装,对车架、门板、前后盖等关键零配件的尺寸必须进行严格控制,因此汽车行业对测量技术的需求也相对更为严格。随着机器视觉在测量领域的应用不断深入,其相较于人工检测的优势越发显著,因此越来越多的制造型企业开始采用机器视觉技术来满足其产品测量的需求。视觉测量的应用场景见图1.7。

视觉定位作为机器人视觉应用领域中占比最大的部分,能够快速准确地找到被测工件并确认其位置在3C行业的工件定位、锂电行业的卷绕定位对齐、半导体行业的精密定位等各个细分行业有广泛应用。目前,在一些3C高端应用中,视觉定位精度已达到5~20 μm,未来几年将达到1 μm甚至亚微米级。此外,视觉定位技术通过与机器人结合,被广泛应用于工业场景中的上下料、拆码垛、无序分拣等场景。虽然早期的视觉定位主要依赖于机器人视觉引导定位和手眼标定技术，应用于点胶、拼装等有限的工艺环节，但随着3D视觉技术的不断升级，以及工业领域对于自动化需求的显著增长，3D视觉解决方案正迅速渗透到工业生产中，其应用范围正在快速扩大。视觉定位的应用场景见图1.8。

车身与车门测量　　　　　　　　航空发动机与叶片测量

图1.7　视觉测量的应用场景

拆码垛　　　　PCB装配　　　　物流分拣　　　　医疗穿刺

图1.8　视觉定位的应用场景

检测技术能够基于二维和三维图像进行缺陷检测，有效检测出残次品，确保产品的质量。机器视觉在检测领域的应用约占整体市场的25%，这一增长主要得益于3C电子、汽车、新能源、半导体等下游行业对产品自动化检测需求的不断提升。同时，随着这些行业对检测精度要求的不断提高，机器视觉产品在中下游行业中的渗透率也快速提升。视觉检测的应用场景见图1.9。

管道缺陷检测　　　　表面质量检测　　　　列车巡检

图1.9　视觉检测的应用场景

1.5　机器人视觉的发展趋势

机器人视觉技术的发展呈现出多元化和高速成长的趋势，主要体现在以下方面。

（1）技术融合与创新。随着深度学习技术的飞速发展，机器人视觉系统能够处理更加复杂的任务，如目标检测、语义分割以及3D重建等。这些技术显著提升了机器人在识别和分类任务上的准确性,为机器人视觉技术带来了革命性的改变。同时,多模态技术能够处理文本、声音、旋律和视觉信号等各种输入信息,并能将它们融合起来进行综合理解。这种多功能融合有望丰富机器人视觉技术的应用场景,提高其实用性和智能化水平。

(2) 应用场景拓展。在工业自动化和智能制造领域,机器人视觉技术已经成为核心组成部分。利用摄像头或其他传感器收集信息,机器人可以进行物体识别、定位、跟踪等操作,从而提高生产效率和产品质量。自动驾驶技术是机器人视觉技术的一个重要应用领域。通过机器人视觉技术,自动驾驶车辆可以获取周围环境的信息,并通过神经网络等算法进行处理,实现车辆的自主决策和控制。随着智能家居和智慧城市的发展,机器人视觉技术将在其中发挥重要作用。例如,通过机器人视觉技术,智能家居系统可以实现对家庭成员的识别、跟踪和监控,提供个性化的服务,而智慧城市中的交通监控、公共安全等领域也将广泛应用机器人视觉技术。

(3) 市场竞争与整合。目前,中国机器人视觉企业数量众多,且主要分布在珠三角和长三角地区。这些企业在机器人视觉产业链中扮演着不同的角色,包括光源、镜头、工业相机、图像采集卡等硬件提供商,以及机器人视觉系统集成商和解决方案提供商等。随着市场竞争的加剧,一些大型企业将通过并购整合来增强市场竞争力,而中小企业则需要通过差异化定位和产品或服务创新来获取市场份额。在机器人视觉领域,技术和成本是企业竞争的关键因素。随着技术的不断发展,企业需要不断投入研发资源来保持技术领先;同时,降低成本也是提高企业竞争力的重要手段。因此,未来机器人视觉领域将呈现出技术和成本双重竞争的趋势。

(4) 政策与伦理考量。我国政府高度重视智能制造和人工智能技术的发展,并出台了一系列政策来支持这些领域的创新和应用。这些政策为机器人视觉技术的发展提供了良好的发展环境和市场机遇。随着机器人视觉技术的广泛应用,其带来的伦理和监管问题也日益凸显。例如,如何保障个人隐私和数据安全?如何避免机器人视觉技术被用于非法或恶意目的?这些问题需要政府、企业和学术界共同关注和解决。

习　　题

1.1　简述机器人视觉系统的组成及每部分的作用。
1.2　机器人视觉技术的应用有哪些?
1.3　思考机器人视觉技术目前面临的挑战。
1.4　列出目前知名的机器人视觉公司及主要产品。
1.5　机器人视觉在石油化工行业中有哪些具体应用?

第 2 章 数字图像基础

程序资源包

图像是人们从客观世界中获取信息的重要来源,其处理技术是视觉感知的延伸。学习机器人视觉的前提是要对各种图像进行处理,而图像的质量将直接影响后续图像处理的效率。本章将介绍数字图像处理的一些基础知识。

2.1 图 像

图像是通过各种观测系统,以不同的形式和手段捕捉客观世界所得到的,可以直接或间接作用于人眼,从而产生视知觉的实体。它蕴含了被描述物体的相关信息,是最常用的信息载体。相较于其他信息形式,图像具有直观、具体、生动等优点。

2.1.1 图像的分类

广义上,图像涵盖了所有具备视觉表现形式的画面,包括但不限于照片、绘画、剪贴画、地图、书法作品、手写汉字、传真、卫星云图、影视画面、X 光片、脑电图以及心电图等。通常,图像可以根据其存在形式、亮度等级、光谱特性、是否随时间变化、所占空间和维数等多种标准进行分类。

1. 按照图像的存在形式

(1) 可视图像:涵盖了多种类型,包括照片、几何形状和线条的图形,以及通过透镜和光栅等生成的图像。

(2) 不可视图像:包括红外、微波成像捕捉的不可见光图像,温度和压力等模型生成的图像。

2. 按照图像的亮度等级

(1) 二值图像:仅包含黑色和白色两种亮度等级。

(2) 灰度图像:包含多种不同的亮度等级。

3. 按照图像的光谱特性

(1) 彩色图像:由像素组成,每个像素包含 R(红色)、G(绿色)、B(蓝色)三个分量,这些分量通过不同的灰度级别来表达。

(2) 黑白图像:每个像素点仅由单一亮度值分量构成,如黑白照片、黑白电视画面等。

4. 按照图像是否随时间变化

(1) 静态图像:是指不随时间变化而改变的图像,如各类照片和插图等。

(2) 动态图像:是指随时间变化而变化的图像,如电影和电视画面等。

5. 按照图像所占空间和维数

(1) 二维图像:又称平面图像,例如照片等。

(2) 三维图像:在空间中分布的图像,例如点云图像等。

2.1.2 数字图像

在自然界中,图像以模拟量形式存在,但计算机无法直接处理这些模拟图像。因此,必须先将它们数字化,转换成数字图像。图像可以被定义为一个二维函数 $f(x,y)$,在任一坐标 (x,y) 处的幅值 f 称为图像在该点处的强度或灰度。当坐标点 (x,y) 和灰度值 f 是有限的离散值时,称该图像为数字图像。一个大小为 $m \times n$ 的数字图像由 m 行 n 列的有限元素构成,每个元素都具有特定的位置和幅值,这些幅值代表了其所在位置上的图像物理信息,包括灰度、色彩、亮度等。这些元素被称为像素(图像元素,pixel)。

每个图像的像素在二维空间中的特定"位置"都由一个或多个与该点相关的采样值构成。根据这些采样值的数量和特性的不同,数字图像可以分为以下几种。

1. 二值图像

二值图像仅包含两种可能的像素值或灰度级别。其由于数据量较小,常用于突出显示图像的最显著特征,如在指纹或文字识别中。

2. 灰度图像

灰度图像在二值图像的基础上增加了介于黑色与白色之间的不同灰度层次,用以显示图像的明暗变化。在灰度图像中,每个像素通常用从 0(黑色)到 255(白色)的灰度值来表示。

3. 彩色图像

彩色图像由红、绿、蓝三种基本颜色组合而成,通常称为 RGB 三原色。在计算机显示彩色图像时,RGB 模型是最常用的彩色图像表示方法。每个像素的颜色由红、绿、蓝三原色的合成比例决定。

4. 伪彩色图像

伪彩色图像的每个像素值实际上是一个索引或代码,该代码指向色彩查找表 CLUT (color look-up table)中某一项的入口地址。通过该地址,可以查找到对应的红、绿、蓝的强度值。这种通过查找映射的方法称为伪彩色,生成的图像则称为伪彩色图像。

5. 三维图像

三维图像是由一组堆栈的二维图像组成,每一幅图像表示该物体的一个横截面。数字图像也用于表示三维空间的数据点分布,例如计算机断层扫描(computed tomography,CT) 设备产生的图像,在这种情况下,每个数据点被称为一个体素。

2.1.3 数字图像的表示

为了便于运用矩阵理论对图像进行分析,可将一幅 $m \times n$ 的数字图像用矩阵表示为

$$f(m,n) = \begin{bmatrix} f(0,0) & f(0,1) & \cdots & f(0,n-1) \\ f(1,0) & f(1,1) & \cdots & f(1,n-1) \\ \vdots & \vdots & & \vdots \\ f(m-1,0) & f(m-1,1) & \cdots & f(m-1,n-1) \end{bmatrix} \quad (2.1)$$

其中,矩阵的每个元素与图像中的像素一一对应,可以用于表示像素或像素之间的位置。灰度图像仅用一个量化的灰度值来描述图像的每个像素,而不包含任何彩色信息。一个齿轮图像的数字表示如图2.1所示。

255	255	254	254	255	255	254	254	254	255	255
255	255	255	235	182	240	255	254	254	255	255
255	255	219	101	64	100	188	252	255	255	255
255	192	91	95	112	102	79	123	218	255	254
170	84	102	115	116	118	115	93	79	153	243
85	106	113	117	119	119	118	119	109	79	100
106	110	111	115	118	119	120	120	119	117	98
110	111	113	114	115	117	120	120	120	119	118
111	112	114	114	115	114	115	118	119	120	119
113	114	114	114	114	114	115	115	117	119	119
113	114	114	114	114	114	115	115	115	116	118

图 2.1 一个齿轮图像的数字表示

此外,图像中的像素还可以按照行或列的顺序排成一个向量,当选定一种顺序后,后面的处理都要与此保持一致。例如,将一幅图像的像素按列顺序排列,可以表示为一个列向量:

$$f = [f_0, f_1, \cdots, f_{m-1}]^T \qquad (2.2)$$

式中:$f_i = [f(i,0), f(i,1), \cdots, f(i,n-1)]^T, i=0,1,\cdots,m-1$。

2.1.4 颜色模型

颜色模型是用一组数值来描述颜色的数学模型。在彩色图像处理中,选择合适的彩色模型很重要。从应用的角度来看,常用的彩色模型有 RGB 模型、HSI 模型等。

1. RGB 模型

RGB 模型是最典型且最常用的彩色模型,又称为三基色模型。该模型专为硬件设备设计,例如电视机、摄像机、彩色扫描仪。RGB 模型建立在笛卡儿坐标系统中,其中三个坐标轴分别代表红色(R)、绿色(G)和蓝色(B),如图 2.2 所示。RGB 模型是一个立方体结构,其原点对应黑色,离远点最远的顶点则为白色。RGB 模型的颜色是通过光的叠加原理产生的,即红光、绿光和蓝光的混合产生白光,这一原理广泛应用于显示器等显示设备。

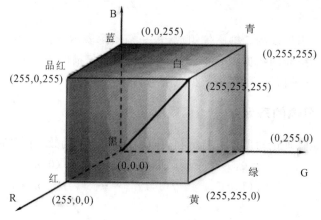

图 2.2 RGB 模型

在计算机领域,通过组合红色、绿色和蓝色这三种颜色分量来合成彩色图像,称为 RGB 图像。每个像素点的颜色由三个数值控制,分别对应红色、绿色和蓝色分量的大小。这些数值通常在 0 到 255 的范围内,其中 0 表示该颜色分量不存在,255 表示该颜色分量达到了最大值。表 2.1 列出了常见颜色的 RGB 值。

表 2.1 常见颜色的 RGB 值

名称	RGB 值		
	R	G	B
白色	255	255	255
红色	255	0	0
蓝色	0	0	255
品红色	255	0	255
灰色	192	192	192
黑色	0	0	0
绿色	0	255	0
青色	0	255	255
黄色	255	255	0
紫色	141	75	187

RGB 模型的主要缺点在于其具有不直观性,难以从 R、G、B 数值直接推断出对应颜色的认知属性。因此,RGB 模型并不符合人类对颜色的感知心理。此外,尽管 RGB 模型是最不均匀的颜色模型,两种颜色之间的差异也不能采用 RGB 模型中两个颜色点之间的距离表示。

2. HSI 模型

HSI 模型与人类颜色视觉感知相似,由色调、饱和度和亮度组成。其中,H 表示色调,S 表示饱和度,I 表示亮度。HSI 模型的坐标系可以用圆柱坐标系来描述,也可以用六棱锥模型来表示,如图 2.3 所示。

色调(hue,H)与光波的波长紧密相关,它反映了人类感官对不同颜色的感受程度,如暖色、冷色等。色调也可表示一定范围的颜色,例如红色、绿色和蓝色等。H 的数值对应指向该点的矢量与 R 轴之间的夹角,取值范围为 0°~360°。从红色开始,按逆时针方向计算,红色对应 0°,绿色对应 120°,蓝色对应 240°。这些颜色的补色分别是:黄色对应 60°,青色对应 180°,品红对应 300°。

饱和度(saturation,S)表示颜色的纯度,纯光谱色是完全饱和的,加入白光后会稀释饱和度。饱和度越大,颜色看起来越鲜艳,反之亦然。三角形中心的饱和度最小,越靠外饱和度越大。

亮度(intensity,I)对应成像亮度和图像灰度,是颜色的明亮程度。六棱锥的中间截面向上变白(亮),向下变黑(暗)。

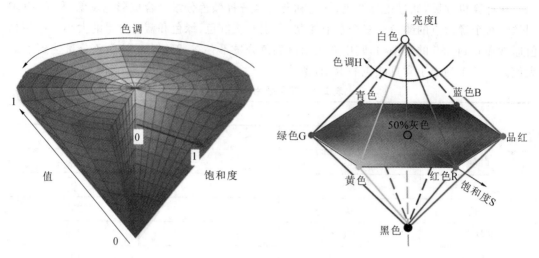

图 2.3　HSI 颜色模型

2.2　图像的数字化

为了让计算机能够处理图像,必须将各种类型的图像(例如照片、绘画、X 光片等)转换成数字图像。如图 2.4 所示,图像的数字化过程涉及将图像分割成像素,每个像素的亮度或灰度值通过一个整数来表示。图像的数字化主要分为三个步骤:采样、量化和压缩编码。其中,采样和量化分别决定了图像的空间分辨率和像素的灰度分辨率。

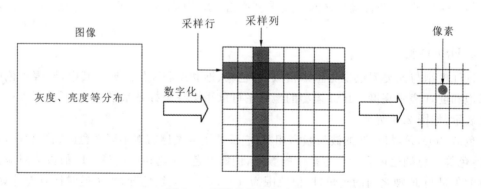

图 2.4　图像的数字化过程

2.2.1　采样

采样过程将空间上连续的图像转换为离散点集。采样越细,像素越小,图像的细节显示就越清晰;相反,若采样粗糙,图像则会显得模糊。采样有多种分辨率可选,例如 256×256、512×512、640×480 等。随着技术的进步,未来图像的分辨率预期将不断提升,图像的清晰度也将随之增强。

在采样过程中,两个重要参数是采样间隔和采样孔径大小。采样孔的形状和尺寸取决于采样方法。常见的采样孔形状包括圆形、正方形、长方形和椭圆形,如图 2.5 所示。在实际应用中,由于光学系统的特性,采样孔可能会发生畸变,导致边缘模糊,进而降低输入图像的信噪比。

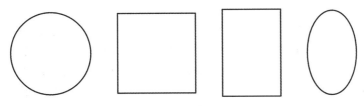

图 2.5 采样孔的形状

采样间隔是指在选定采样方法后,相邻像素之间的空间关系。常见的采样间隔类型包括有缝采样、无缝采样以及重叠采样,如图 2.6 所示。通常情况下,采样间隔越小,图像像素的数量越多,图像质量越好,然而这也会使像素的数量增加。相反,较大的采样间隔会减少图像像素的数量,降低图像质量,严重时可能会出现马赛克效应。

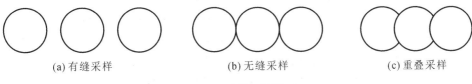

(a) 有缝采样　　　　　　(b) 无缝采样　　　　　　(c) 重叠采样

图 2.6 采样间隔类型

2.2.2 量化

经过采样操作后,图像在空间上表现为离散的像素,但计算机仍无法对其进行处理,因为像素的灰度依然是连续的。将像素的灰度或亮度转换为离散整数值的过程称为量化。在数字图像中,不同灰度值的数量被称为灰度级数,通常用 G 来表示。二值图像用黑色(0)和白色(1)两个值进行二值量化。若一幅数字图像的量化灰度级数 $G=256=2^8$,则像素的灰度值通常在 0 到 255 之间取整数。量化级数越多,图像的层次就越丰富,灰度分辨率越高,图像质量越好,但相应地,数据量也会增大。相反,量化级数较少时,图像层次不够丰富,灰度分辨率降低,质量下降,可能会出现假轮廓,但数据量较小。对于 6 位(即 $2^6=64$ 级)以上的图像,人眼几乎无法区分其差异。

在图像数字化之前,需要确定图像的大小(行数 M、列数 N)以及灰度级数 G。通常情况下,数字图像的灰度级数 G 是 2 的整数幂,即 $G=2^g$,g 为量化比特数。因此,一幅具有 M 行 N 列、灰度级数为 G 的图像所需的存储空间 $M \times N \times g$(以比特为单位)就是图像的数据量。为了获得质量较高的图像,需要遵循以下原则:

(1) 对于变化平缓的图像,应采用粗采样和细量化,以防止假轮廓的出现。
(2) 对于细节丰富的图像,应采用细采样和粗量化,以避免图像模糊。

2.2.3 压缩编码

图像压缩编码专注于研究如何高效地减少图像数据的存储需求。通过将模拟信号转换为离散的数字形式,该技术显著减少了图像所需的数据量。例如,1 MB 的空间足以容纳一部包含百万字的小说,却只能存储大约 16 张分辨率为 256×256 像素的灰度 BMP 格式图片。因此,必须采用特定的变换和组合规则,以尽可能少的数据量来表达更丰富的信息,从而实现数据的压缩。图像中相邻像素间通常存在高度相关性,这种现象被称为空间冗余;而连续帧之间的相似性则称为时间冗余。图像压缩技术通过消除这些冗余并去除对人眼不敏感的信息,有效地减少了图像数据。

目前,多种成熟的编码算法已被广泛应用于图像压缩领域,包括预测编码、变换编码、分形编码和小波变换图像压缩编码等。在进行图像压缩编码时,实现高比率压缩往往需要运用较为复杂的技术。然而,图像编码技术面临的一个挑战是不同系统间兼容性的问题。为了解决这一问题,需要一个共同的标准化基础。为了推动图像压缩的标准化进程,自20世纪90年代以来,国际电信联盟(ITU)、国际标准化组织(ISO)和国际电工委员会(IEC)已经制定并持续更新了一系列关于静止和活动图像编码的国际标准。其中,已被批准的主要标准包括JPEG标准、MPEG标准和H.261等。

2.2.4 采样、量化与数字图像的关系

数字化技术分为均匀采样与量化和非均匀采样与量化两种方式。所谓"均匀"是指采样和量化过程中的间隔是等距的。目前,均匀采样与量化是最常用的图像数字化方法。相比之下,采用非均匀采样与量化会使处理过程变得更加复杂,因此这种技术较少被使用。

图 2.7 显示了随着采样间距的增加,像素数从 256×256 逐渐减少至 8×8 的图像效果。可以明显看出,随着图像像素数的减少,图像的质量也逐渐下降。

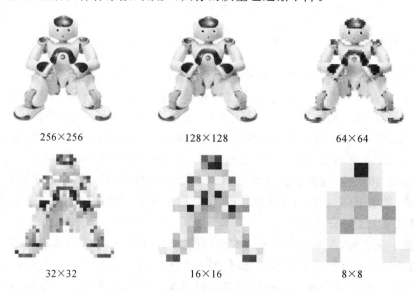

图 2.7 随像素数减少产生的图像效果

图 2.8 显示了在等间距采样条件下,灰度级数从 256 递减至 64、16、8、4、2 所对应的图像效果。随着灰度级数的减少,图像的层次感显著降低,质量亦随之下降。然而,在极少数情况下,若图像尺寸保持不变,减少灰度级数反而会改善图像质量。这种情况最有可能发生的原因是,降低灰度级数一般会提高图像的对比度,尤其适用于细节丰富的复杂图像。

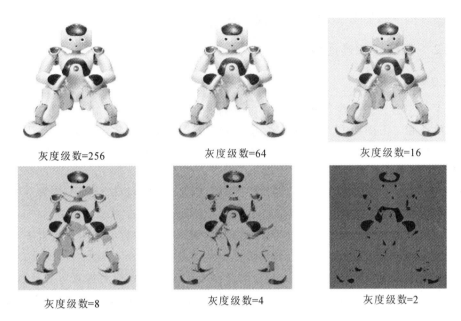

图 2.8 随灰度级数减少产生的图像效果

2.3 图像像素间的关系

像素间的关系主要是指像素之间的关联性,包括邻域关系、邻接性和连通性、区域与边界、像素之间的距离。在本书中,像素用小写字母表示,例如 p 和 q。

2.3.1 邻域关系

邻域关系描述了相邻像素之间的相邻关系,包括 4 邻域、8 邻域以及 D 邻域。以图 2.9 为例,假设位于坐标 (x,y) 的像素 p,其水平、垂直方向有四个相邻像素,分别位于坐标 $(x-1,y)$、$(x+1,y)$、$(x,y-1)$、$(x,y+1)$,则这些像素构成了像素 p 的 4 邻域,用 $N_4(p)$ 来表示。

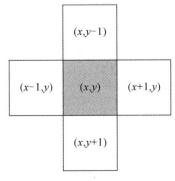

图 2.9 4 邻域

在 8 邻域 $N_8(p)$ 中,除了水平和垂直方向的四个像素点外,还包括四个对角线方向的像素点。D 邻域 $N_D(p)$ 的像素集位于像素 p 的四个角上。若像素 p 位于图像的边界,那么

$N_4(p)$ 和 $N_8(p)$ 中的某些点可能位于图像之外。

2.3.2 邻接性和连通性

1. 邻接性

定义 V 为邻接性的灰度值集合,它作为一种相似性度量,用于判断邻接性的两个像素的相似程度。在二值图像中,将值为 1 的像素视为邻接像素,因此 $V=\{1\}$。而对于灰度图像,集合 V 通常包含更多的元素,是 256 个值(0~255)的任意一个子集。这里考虑以下三种邻接性。

(1) 4 邻接:若像素 q 位于像素 p 的 $N_4(p)$ 内,则具有 V 中数值的两个像素 p 和 q 是 4 邻接的。

(2) 8 邻接:若像素 q 位于像素 p 的 $N_8(p)$ 内,则具有 V 中数值的两个像素 p 和 q 是 8 邻接的。

(3) m 邻接(混合邻接):若像素 q 位于像素 p 的 $N_4(p)$ 内,或者像素 q 位于像素 p 的 $N_D(p)$ 且 $N_4(p) \cap N_4(q)$ 不包含具有 V 值的像素,则具有 V 中数值的像素 p 和像素 q 是 m 邻接的。

如图 2.10(a)所示,对于像素位置集合 $V=\{1\}$,图 2.10(b)上部的三个像素显示了二义性的 8 邻接现象。这种二义性可以通过 m 邻接消除,如图 2.10(c)所示。

(a)像素排列　　(b)8 邻接　　(c)m 邻接

图 2.10　像素邻接示意图

2. 连通性

从坐标 (x,y) 的像素 p 到坐标 (s,t) 的像素 q 的通路是一个特定的像素序列,其坐标次为 $(x_0,y_0),(x_1,y_1),\cdots,(x_n,y_n)$。其中 $(x_0,y_0)=(x,y),(x_n,y_n)=(s,t)$,并且像素 (x_i,y_i) 和 (x_{i-1},y_{i-1})(对于 $1 \leqslant i \leqslant n$)是邻接的,$n$ 是通路的长度。依据特定的邻接类型,定义 4、8、m 通路。如果 $(x_0,y_0)=(x_n,y_n)$,则通路是闭合通路。如图 2.10(b)所示,右上角点和右下角点之间的通路是 8 通路,而图 2.10(c)中显示的通路是 m 通路。注意在 m 通路中不存在二义性。

设 S 表示图像中像素的一个子集,若 S 中全部像素之间都存在一个通路,则称这两个像素在 S 中是连通的。对于 S 中的任一像素 p,所有与之连通的像素构成的集合称为 S 的一个连通分量。若 S 仅有一个连通分量,则称 S 为连通集。

2.3.3 区域与边界

区域的定义建立在连通集的概念上,设 R 为图像中的一个像素子集,若 R 构成连通集,则称 R 为一个区域。区域 R 的边界是区域中像素的集合,该区域有一个或多个不在 R 中的邻点。显然,当 R 表示整幅图像时,边界由图像的首行、首列、末行和末列界定。一般而言,区域指的是图像的一个子集,它不仅包括内部像素,还包括边缘。区域的边缘由具有某些导数值的像素组成,反映了像素及其直接邻域的局部特性,是一个矢量。

需要注意的是,边界与边缘是两个不同的概念。边界是一个与区域相关的全局属性,而边缘则描述了图像函数的局部特性。

2.3.4 像素之间的距离

对于像素 p、q 和 z,其坐标分别为 (x,y)、(s,t) 和 (v,w),若函数 D 满足以下条件,则称函数 D 为有效距离函数或度量,常见的像素间距离度量包括欧氏距离、D_4 距离(城市距离)及 D_8 距离(棋盘距离)。

(1) 非负性:对于任意的 p 和 q,$D(p,q) \geqslant 0$,当且仅当 $p=q$ 时,存在 $D(p,q)=0$;

(2) 对称性:对于任意的 p 和 q,满足 $D(p,q)=D(q,p)$;

(3) 三角不等式:对于任意的 p、q 和 z,有 $D(p,z) \leqslant D(p,q)+D(q,z)$。

像素 p 和 q 的欧氏距离定义:

$$D_E(p,q) = \sqrt{(x-s)^2 + (y-t)^2} \tag{2.3}$$

像素 p 和 q 的 D_4 距离定义:

$$D_4(p,q) = |x-s| + |y-t| \tag{2.4}$$

像素 p 和 q 的 D_8 距离定义:

$$D_8(p,q) = \max(|x-s|, |y-t|) \tag{2.5}$$

因此,与像素点 (x,y) 之间的欧氏距离小于或等于给定值 r 的像素,构成一个以 (x,y) 为中心的圆形区域。与像素点 (x,y) 之间的 D_4 距离小于或等于给定值 r 的像素,构成一个以 (x,y) 为中心的菱形区域。与像素点 (x,y) 之间的 D_8 距离小于或等于给定值 r 的像素,构成一个以 (x,y) 为中心的方形区域。

与像素点 (x,y) 的 D_4 距离小于或等于 2 的像素形成图 2.11(a) 所示的轮廓,具有 $D_4=1$ 的像素是 (x,y) 的 4 邻域。与像素点 (x,y)(中心点)的 D_8 距离小于或等于 2 的像素形成图 2.11(b) 所示的轮廓,具有 $D_8=1$ 的像素点是关于 (x,y) 的 8 邻域。

```
            2              2 2 2 2 2
          2 1 2            2 1 1 1 2
        2 1 0 1 2          2 1 0 1 2
          2 1 2            2 1 1 1 2
            2              2 2 2 2 2
        (a) D₄距离          (b) D₈距离
```

图 2.11 像素之间的距离

请注意,p 和 q 之间的 D_4 和 D_8 距离与任何路径无关,通路可能存在于各点之间,因为这些距离仅取决于像素点的坐标。然而,如果考虑 m 邻接,则两像素点间的 D_m 距离定义为像素点间最短路径。在这种情况下,两像素间的距离将取决于沿通路的像素值及其邻点值。例如,考虑以下像素排列,并假设 p、p_2 和 p_4 的值为 1,p_1 和 p_3 的值为 0 或 1:

$$
\begin{array}{cc}
p_3 & p_4 \\
p_1 & p_2 \\
& p
\end{array}
$$

假设考虑值为 1 的像素邻接,即 $V=\{1\}$。如果 p_1 和 p_3 的值为 0,则 p 和 p_4 之间的最短 m 通路长度 D_m 为 2。如果 p_1 的值为 1,则 p_2 和 p 将不再是 m 邻接,m 通路长度变为 3(通路通过点 p、p_2、p_3、p_4)。类似地,如果 p_3 的值为 1,而 p_1 为 0,则最短通路距离也是 3。最后,

如果 p_1 和 p_3 的值都为 1,则 p 和 p_4 之间的最短 m 通路长度为 4,在这种情况下,通路通过点 p、p_1、p_2、p_3、p_4。

2.4 图像灰度直方图

一幅图像的灰度直方图,是通过统计每个灰度值对应的像素数量,并描绘出像素数-灰度值图形,则该图形被称为图像的灰度直方图,简称直方图。如图 2.12 所示,在二维灰度直方图中,横轴表示图像中各个像素点的灰度级数,而纵轴则表示具有相应灰度级数的像素在图像中出现的数量。

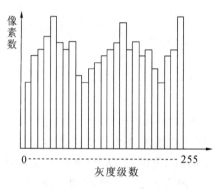

图 2.12 二维灰度直方图

2.4.1 直方图的性质

灰度直方图仅能反映图像的灰度分布情况,无法显示像素的位置信息,这意味着丢失了像素的位置信息。因此,尽管每幅图像都有其对应的唯一灰度直方图,但不同的图像也可能产生相同的灰度直方图,如图 2.13 所示。

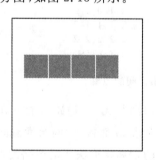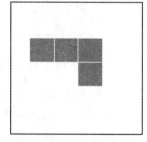

图 2.13 具有相同灰度直方图的不同图像

由于直方图是通过对具有相同灰度值的像素进行统计计数得到的,因此一幅图像中各个子区域的直方图之和等同于整幅图像的直方图,如图 2.14 所示。

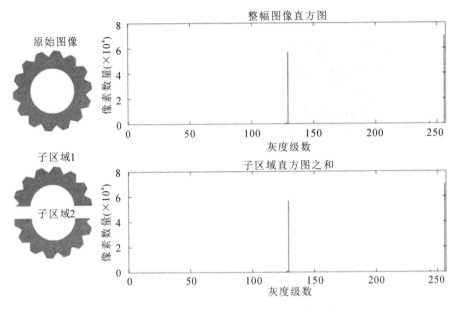

图 2.14 子区域直方图与全图直方图的关系

2.4.2 直方图的应用

1. 用于判断图像量化是否恰当

图像数字化过程中,可用的灰度级数与实际占用的灰度级数之间可能存在三种不同的关系,如图 2.15 所示。图 2.15(a)展示了一种理想分布,即图像的直方图完全覆盖了[0,255]的灰度范围。图 2.15(b)反映了图像对比度较低的情形,其中 p、q 区域的灰度级数未得到充分利用,灰度级数少于 256,导致整体对比度下降。图 2.15(c)描绘了图像中 p、q 区域的亮度超出了数字化处理能力的范围,这些灰度级数将被直接裁剪至 0 或 255,从而造成部分图像信息的丢失,影响图像质量。一旦信息丢失,除非重新进行数字化处理,否则无法恢复。

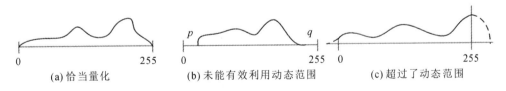

图 2.15 直方图用于判断量化是否恰当

2. 用于确定图像二值化的阈值

图像二值化是图像处理中的一种常用技术,它涉及选择一个灰度阈值。如图 2.16 所示,假设一幅图像 $f(x, y)$,其中背景为黑色,而物体呈现灰色。在直方图上,背景中的黑色像素形成了左侧的峰值,而物体的不同灰度级则形成了右侧的峰值。选取这两个峰值之间的谷点对应的灰度值作为阈值 T,可以对图像进行二值化处理,从而得到一幅二值图像 $g(x, y)$。

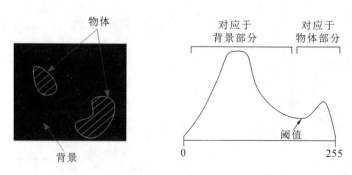

图 2.16 利用直方图选择二值化的阈值

3. 通过直方图均衡化实现图像增强

直方图均衡化是一种简单有效的图像增强技术,通过改变图像的直方图来改变图像中各像素的灰度值,主要用于增强动态范围偏小的图像的对比度。原始图像的灰度分布可能集中在较窄的区间,导致图像不够清晰。例如,过曝光图像的灰度级集中在高亮度范围内,而曝光不足将使图像灰度级集中在低亮度范围内。采用直方图均衡化,可以把原始图像的直方图变换为灰度均匀分布(均衡)的形式,从而扩大像素灰度值之间的动态范围,达到增强图像整体对比度的效果。

习　　题

2.1　什么是数字图像？为什么要对图像进行数字化处理？
2.2　试用 MATLAB 提取一副彩色图的 RGB 模型和 HSI 模型的各分量值。
2.3　图像数字化包括哪三个过程？每个过程对数字化图像质量有何影响？
2.4　为什么要对图像进行压缩编码处理？压缩编码有什么作用？
2.5　图像像素间一般有哪些关系？
2.6　什么是灰度直方图？有哪些应用？
2.7　从灰度直方图能获得哪些信息？

第 3 章 图像预处理

程序资源包

在获取采集的图像后,常常发现图像质量与预期有所差异,例如图像中可能出现显著噪声、特征模糊不清、形状失真等问题。这将会为图像分析带来困难。因此,需要对图像进行即时校正与增强等处理,以改善图像的视觉效果,从而为后续的图像检测和识别工作奠定基础。

图像预处理是图像处理流程中非常关键的一环,其主要目的是根据特定需要,突出图像中有用的信息,同时去除图像中无关的信息,从而提高特征提取、图像分割、匹配、识别等任务的准确性和效率。本章将详细介绍几种图像预处理方法。

3.1 图像的几何变换

在实际图像采集过程中,由于多种因素的干扰,无法确保被测物体在图像中的位置和方向始终保持一致,导致获取的图像与理想状态存在偏差。因此,需要对图像进行矫正处理,使之恢复成理想图像形状。图像矫正的过程是通过分析图像变形的原因,利用已知的图像位置、大小、形状等信息,建立相应的数学模型。通过这些模型,对图像进行几何变换,以纠正其形状。常见的几何变换方法包括图像平移、旋转、缩放、仿射变换以及投影变换等。

3.1.1 图像的平移、旋转和缩放

1. 图像的平移

图像的平移是将图像中的所有像素点按照要求的偏移量进行垂直或水平移动,只是改变了原有目标在画面上的位置,而图像的内容则不发生变化。

如图 3.1 所示,设原图像上有一个点 $p_0(x_0, y_0)$,图像水平与竖直平移量分别为 T_x、T_y,则平移之后的点的坐标 (x_1, y_1) 可表示为

$$\begin{cases} x_1 = x_0 + T_x \\ y_1 = y_0 + T_y \end{cases} \tag{3.1}$$

将式(3.1)写成齐次变换矩阵的形式为

$$\begin{bmatrix} x_1 \\ y_1 \\ 1 \end{bmatrix} = \begin{bmatrix} 1 & 0 & T_x \\ 0 & 1 & T_y \\ 0 & 0 & 1 \end{bmatrix} \begin{bmatrix} x_0 \\ y_0 \\ 1 \end{bmatrix} \tag{3.2}$$

在 MATLAB 中,可通过 imtranslate 函数进行图像的平移变换。
img_res=imtranslate(img,[Tx,Ty])

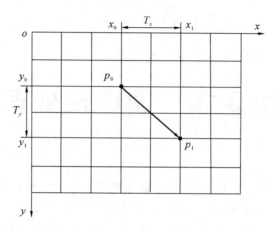

图 3.1 平移变换

参数说明如下：

img：输入的图像矩阵。

Tx，Ty：沿 x 轴和 y 轴平移的像素。

img_res：平移后的图像矩阵。

2. 图像的旋转

图像的旋转是指将图像围绕一个特定的参考点（通常是图像中心）逆时针或顺时针旋转一定的角度，旋转后图像的大小一般会改变。

如图 3.2 所示，设 $p_0(x_0,y_0)$ 绕原点逆时针旋转角度 θ 到点 $p_1(x_1,y_1)$，则点 $p_1(x_1,y_1)$ 的坐标可表示为

$$\begin{cases} x_1 = \cos\theta \cdot x_0 - \sin\theta \cdot y_0 \\ y_1 = \cos\theta \cdot y_0 + \sin\theta \cdot x_0 \end{cases} \tag{3.3}$$

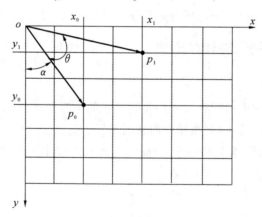

图 3.2 旋转变换

将式(3.3)写成齐次变换矩阵的形式为

$$\begin{bmatrix} x_1 \\ y_1 \\ 1 \end{bmatrix} = \begin{bmatrix} \cos\theta & -\sin\theta & 0 \\ \sin\theta & \cos\theta & 0 \\ 0 & 0 & 1 \end{bmatrix} \begin{bmatrix} x_0 \\ y_0 \\ 1 \end{bmatrix} \tag{3.4}$$

在 MATLAB 中，可通过 imrotate 函数进行图像的旋转变换。

img_res=imrotate(img, angle, method, bbox)

参数说明如下:

img:输入的图像的矩阵。

angle:绕中心点旋转的角度,deg。

method:'nearest'表示最近邻插值,'bilinear'表示双线性插值,'bicubic'表示双三次插值。

bbox:返回图像的大小('crop','loose')。

img_res:旋转后的图像矩阵。

3. 图像的缩放

图像的缩放是指将图像按照指定比率放大或缩小。设图像 x 轴方向的缩放比率为 S_x,y 轴方向的缩放比率为 S_y,则变化后点 $p_1(x_1,y_1)$ 的坐标可表示为

$$\begin{cases} x_1 = x_0 \cdot S_x \\ y_1 = y_0 \cdot S_y \end{cases} \tag{3.5}$$

将式(3.5)写成齐次变换矩阵的形式为

$$\begin{bmatrix} x_1 \\ y_1 \\ 1 \end{bmatrix} = \begin{bmatrix} S_x & 0 & 0 \\ 0 & S_y & 0 \\ 0 & 0 & 1 \end{bmatrix} \begin{bmatrix} x_0 \\ y_0 \\ 1 \end{bmatrix} \tag{3.6}$$

在 MATLAB 中,可通过 imresize 函数进行图像的缩放变换。

img_res=imresize(img, scale)

img_res=imresize(img, [row,col])

参数说明如下:

img:输入的图像矩阵。

scale:缩放的倍数。

row,col:指定输出图像的行数和列数。

img_res:缩放后的图像矩阵。

例 3.1 对图像进行平移、旋转和缩放的实例。

解 完整程序如下:

```
img=imread('lena.png');
%使用平移代码沿 x 方向平移 30 像素,沿 y 方向平移 40 像素
img_move=imtranslate(img,[30,40]);
figure;
imshow(img_move)
%对图像进行旋转,旋转角度 30 度,双三次插值
img_rotate=imrotate(img,30,'bicubic','crop');
figure;
imshow(img_rotate)
%对图像进行缩放,设定缩放后的图像行、列分别是 200、150
img_scale=imresize(img,[200,150]);
figure;
imshow(img_scale);
```

几何变换结果见图 3.3。

(a) 原图　　　　　(b) 平移后的图　　　　(c) 旋转后的图　　　　(d) 缩放后的图

图 3.3　几何变换结果

3.1.2　图像的仿射变换

仿射变换是将平移、旋转和缩放结合起来，变换公式为

$$\begin{bmatrix} x_1 \\ y_1 \\ 1 \end{bmatrix} = \begin{bmatrix} a_{11} & a_{12} & a_{13} \\ a_{21} & a_{22} & a_{23} \\ 0 & 0 & 1 \end{bmatrix} \begin{bmatrix} x_0 \\ y_0 \\ 1 \end{bmatrix} \quad (3.7)$$

在 MATLAB 中，可通过仿射变换 affine2d 函数来实现图像的平移、旋转和缩放，具体步骤如下：

(1) 通过 affine2d 函数创建仿射变换矩阵 T_mat；

(2) 通过 imwarp 函数对图像进行相应的仿射变换。

img_res=imwarp(img, T_mat)

参数说明如下：

img：输入的图像矩阵。

T_mat：输入的变换矩阵。

img_res：仿射变换后的图像。

3.1.3　图像的投影变换

仿射变换几乎能够校正与物体位姿相关的所有可能变化，但并非所有情况都能通过它来处理。例如，当物体的边不再保持平行或者出现了透视畸变时，就需要采用投影变换。投影变换是将图像投影到一个新的视平面上，其变换公式为

$$\begin{bmatrix} x_1 \\ y_1 \\ w_1 \end{bmatrix} = \begin{bmatrix} a_{11} & a_{12} & a_{13} \\ a_{21} & a_{22} & a_{23} \\ a_{31} & a_{32} & a_{33} \end{bmatrix} \begin{bmatrix} x_0 \\ y_0 \\ w_0 \end{bmatrix} \quad (3.8)$$

在 MATLAB 中，投影变换的步骤如下：

(1) 通过特征提取来提取图像中特征点的位置，并确定其投影后的位置；

(2) 运用 projective2d 函数计算投影变换矩阵；

(3) 运用 imwarp 函数对图像进行投影变换。

tform=projective2d([mat])

tran_img=imwarp(img, tform)

参数说明如下：

img：输入的图像矩阵。

mat：输入的非奇异矩阵 A，用于定义投影变换的参数或属性。

tran_img：投影变换后的图像。

3.2 感兴趣区域

感兴趣区域(region of interest,ROI)是指从待处理图像中通过矩形、圆形、椭圆形、自定义形状等方式裁剪出需要处理的区域,这一区域是图像分析所关注的重点。ROI 的创建主要有两个目的:

(1) 减少图像处理的计算量,提升处理效率。例如,若图像原始尺寸为 1920×1280 像素,则其计算量是相当庞大的。然而,若仅需分析图像的某一区域,便可以将该区域裁剪出来单独处理,从而减少计算量,提高效率。

(2) 作为形状模板使用。由于 ROI 能够精确裁剪出感兴趣的区域,因此在模板匹配过程中,它可以作为搜索图像匹配时的形状模板。

创建 ROI 的步骤如下:

(1) 确定关注区域。在获取原始图像后,通过图像处理技术选择特定区域作为 ROI。常见的 ROI 形状包括矩形、圆形和椭圆形。此时选定的区域仅限于形状或像素范围。

(2) 裁剪并展示 ROI 区域。在选定关注区域之后,需要将其从原图中裁剪出来并展示,至此 ROI 的创建才算完成。

在 MATLAB 中,可以通过 imcrop 函数裁剪出 ROI 区域。

例 3.2 创建 ROI 实例。

解 完整程序如下:

```
img=imread('lena.png');
imshow(img);
%提示用户选择 ROI
msgbox('请用鼠标拖动矩形选择 ROI 区域');
roi=imrect;
%获取 ROI 的位置信息
pos=round(getPosition(roi));
%裁剪出 ROI 区域
croppedImg=imcrop(img, pos);
%显示裁剪后的图像
imshow(croppedImg);
```

图 3.4 所示为创建 ROI 区域。

(a) 读入图像　　　　　　(b) 选择ROI　　　　　　(c) 显示ROI

图 3.4　创建 ROI 区域

3.3 图像增强

图像增强的目的在于凸显图像中的细节信息,以便为后续的特征提取或检测任务做准备。本节内容将重点介绍直方图均衡化以及增强对比度这两种方法。此外,还对失焦图像的处理进行了介绍。

3.3.1 直方图均衡化

直方图均衡化主要应用于图像的灰度处理,该方法首先建立一个涵盖 0 至 255 灰度值的直方图,并统计每个灰度值在直方图中的出现频率。接着,将灰度图像中相应像素点的灰度值映射到直方图上。随后,对这个直方图执行均衡化处理,以实现像素灰度值的均匀分布,进而增强图像的亮度。

直方图均衡的转换公式为

$$D_B = D_{\max} \int_0^{D_A} p_{D_A}(\mu) \mathrm{d}\mu \qquad (3.9)$$

式中:D_A 与 D_B 分别表示转换前与转换后的灰度值;$D_{\max}$ 表示最大灰度值 255;$p_{D_A}(\mu)$ 为转换前图像的概率密度函数。

对于离散灰度级,相应的转换公式为

$$D_B = \frac{D_{\max}}{A_0} \sum_{i=0}^{D_A} H_i \qquad (3.10)$$

式中:H_i 表示第 i 级灰度的像素个数;A_0 表示图像的面积,即像素总数。

在 MATLAB 中可以使用 histeq 算子进行直方图均衡:

eq_img=histeq(gray_img)

参数说明如下:

gray_img:灰度图像输入。

eq_img:直方图均衡处理后输出。

例 3.3 直方图均衡化的实例。

解 具体程序如下:

```
img=imread('lung.png');
%对灰度图像进行直方图均衡
eq_img=histeq(img);
%显示原始图像和均衡化后的图像
figure(1)
imshow(img);
figure(2)
imshow(eq_img);
```

从图 3.5 和图 3.6 可以看出,经过直方图均衡化处理,图像中的像素灰度值分布变得更加均衡,肺部纹理区域的细节也变得更加清晰,从而使图像的亮度得到显著增强。

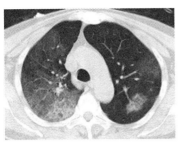

(a) 原图　　　　　　　　(b) 均衡化后的图

图 3.5　直方图均衡化处理前后对比图

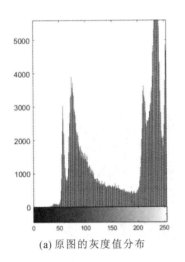 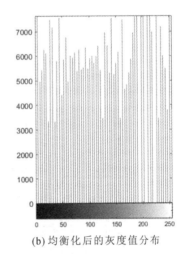

(a) 原图的灰度值分布　　　　　　　　(b) 均衡化后的灰度值分布

图 3.6　直方图均衡处理前后灰度值分布对比图

3.3.2　增强对比度

在 MATLAB 中,除了应用直方图均衡化外,还可以通过调整对比度的方法来增强图像的边缘和细节,使其更加突出。常用的算子包括 imadjust 函数、histeq 函数等。

1. imadjust 函数

imadjust(img, [low_in high_in], [low_out high_out], gamma)

详细参数:

img:图像输入;

[low_in high_in]:输入图像中要调整的像素值范围;

[low_out high_out]:输出图像中的目标像素值范围;

gamma:对图像进行非线性变换的参数。

2. histeq 函数

img_res = histeq(img)

参数说明如下:

img:输入图像。

img_res:输出增强图像。

例 3.4 增强对比度的实例。

解 具体程序如下：

```
img=imread('blood_vessel.png');

%调整灰度级范围,从[0.2, 0.8]转换为[0, 1]。
adjustedI=imadjust(img,[0.2 0.8],[0 1]);
figure(1)
subplot(1,2,1),imshow(img),title('原图');
subplot(1,2,2),imshow(adjustedI),title('增强对比度后的图');
figure(2)
eq_img=histeq(img);
subplot(1,2,1),imshow(img),title('原图');
subplot(1,2,2),imshow(eq_img),title('增强对比度后的图');
```

从图 3.7 和图 3.8 可以看出，经过图像增强处理后，血管的轮廓和细节变得更加清晰。相较于 imadjust 函数，使用 histeq 函数进行图像增强的效果更为显著。

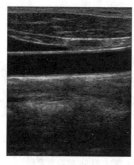 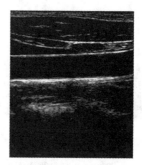

(a) 原图　　　　　　　(b) 增强对比度后的图

图 3.7　使用 imadjust 函数进行图像增强处理前后对比图

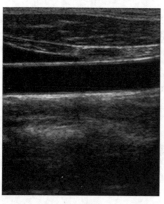 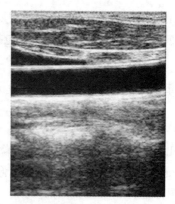

(a) 原图　　　　　　　(b) 增强对比度后的图

图 3.8　使用 histeq 函数进行图像增强处理前后对比图

3.3.3　处理失焦图像

在拍摄照片过程中，若遇到对焦不准确导致的图像模糊问题，通常需要进行锐化处理。

在 MATLAB 中,一种常用的锐化函数是 imsharpen。默认情况下,imsharpen 函数采用非锐化屏蔽(unsharp masking)算法来增强图像的清晰度。该算法将原始图像与经过高斯滤波处理的图像相减,生成一个中间图像,然后将这个中间图像与原始图像相结合,从而得到一个锐化后的图像。

img_res=imsharpen(img, 'Amount', amountValue, 'Radius', radiusValue)

参数说明如下:

img:输入图像。

img_res:输出增强图像。

amountValue:锐化强度系数(默认值为 0.5)。

radiusValue:高斯滤波器的半径(默认值为 0.5)。

例 3.5 处理失焦图像的实例。

解 具体程序如下:

```
img=imread('cpu.jpg');
%对图像进行锐化处理,锐化强度系数为4,高斯滤波器半径为1
img_sharp=imsharpen(img, 'Amount', 4, 'Radius', 1);

subplot(1,2,1),imshow(img),title('原图');
subplot(1,2,2),imshow(img_sharp),title('锐化后的图');
```

从图 3.9 中可以看出,原图像模糊的边缘已变得清晰,但边缘处仍然存在一些毛刺等不平滑现象,可以进一步调整锐化参数,以期达到更为理想的效果。

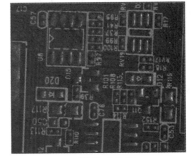

(a) 原图 (b) 锐化后的图

图 3.9 imsharpen 算子图像锐化处理前后的对比图

3.4 图像平滑与去噪

在进行图像拍摄时,可能会遇到一些杂点和噪声干扰。对于那些分布较为均匀的噪声,可以通过软件算法来有效消除。常用的消除方法包括均值滤波、中值滤波以及高斯滤波等。

3.4.1 均值滤波

均值滤波的工作原理是将图像像素的灰度值与其邻域内像素的灰度值进行累加,然后计算平均值。该滤波器类似于一个"窗口",其大小可以根据具体需求来设定。通常情况下,选择奇数像素尺寸的正方形作为"窗口"大小,这样可以确保中心像素处于滤波器的中心位置。该"窗口"内所有像素灰度值被累加后计算出平均值,随后将这个平均值分配给"窗口"内的每一个像素。这个"窗口"从图像的左上角开始,逐步向右下方滑动,直至遍历完整个图像,从而完成对图像的均值滤波处理。

在 MATLAB 中,可通过 fspecial 和 imfilter 来进行均值滤波。

h=fspecial(type, parameter)

img_res=imfilter(img, h);

参数说明如下:

type:创建预定义滤波器的类型,中值滤波器设置为'average'。

parameter:滤波器的大小。

img:原始图像输入。

img_res:经均值滤波后的图像输出。

3.4.2 中值滤波

中值滤波的工作原理与均值滤波相似,它是以图像像素为中心,取一个特定形状的邻域作为滤波窗口,该形状可以是正方形,也是可以圆形。确定了滤波窗口的形状后,该算法会对窗口内的像素灰度值进行排序,并选取排序后位于中间位置的灰度值作为滤波结果,并将其赋给窗口内的像素。

在 MATLAB 中,可通过 medfilt3 函数进行中值滤波。

img_res=medfilt3(img, [m n p])

参数说明如下:

img:原始图像输入。

img_res:经中值滤波后的图像输出。

[m n p]:指定中值滤波器大小。

3.4.3 高斯滤波

高斯滤波与前两种方法不同,它并非通过简单的求均值或排序来对图像进行滤波,而是运用一个二维离散的高斯函数来实现滤波过程,特别适用于消除图像中的高斯噪声。

均值为 0,方差为 σ^2 的二维高斯函数表达式为

$$\varphi(x,y) = \frac{1}{2\pi\sigma^2}\exp\left(-\frac{x^2+y^2}{2\sigma^2}\right) \qquad (3.11)$$

将式(3.11)进行离散化,可表示为

$$M(i,j) = \frac{1}{2\pi\sigma^2}\exp\left[-\frac{(i-k-1)^2+(j-k-1)^2}{2\sigma^2}\right] \qquad (3.12)$$

式中:$M(i,j)$ 表示 $(2k+1)\times(2k+1)$ 矩阵中的一个元素。

根据式(3.12)可知,高斯滤波就是通过加大中心点的权重,使离中心点越远的地方权重越小,从而确保中心点看起来更接近与它距离更近的点。

在 MATLAB 中,可使用 imgaussfilt 函数进行高斯滤波。

img_res=imgaussfilt(img, sigma)

参数说明如下:

img:输入图像。

sigma:高斯滤波器的标准差。

img_res:函数返回一个经过高斯滤波之后的图像。

例 3.6 图像平滑与去噪的实例。

解 对一幅含有噪声点的工件图像进行均值滤波处理,具体程序如下:

```
img=imread('component.jpg');
%定义一个 3×3 的均值滤波模板,进行均值滤波
h=fspecial('average',[3 3]);
img_ave=imfilter(img, h);

%对图像进行中值滤波,设置窗口大小为[3,3]
img_med=medfilt3(img);

%设置高斯核参数,包括核大小和标准差(sigma);核大小为 5×5,标准差为 1
kernel_size=5;
sigma=1;
%使用 imgaussfilt 函数进行滤波操作
img_gauss=imgaussfilt(img, sigma, 'FilterSize', kernel_size);


figure(1)
subplot(1,4,1),imshow(img),title('原图');
subplot(1,4,2),imshow(img_ave),title('均值滤波后图');
subplot(1,4,3),imshow(img_med),title('中值滤波后图');
subplot(1,4,4),imshow(img_gauss),title('高斯滤波后图');
```

根据图 3.10 所示,均值滤波方法能够有效地去除某些高斯噪声,但同时也会使图像变得模糊。因此,在处理图像边界或需要精确分割的区域时,必须考虑采用边界处理算法。中值滤波方法能够去除一些孤立的噪声点,同时保留大部分边缘信息。然而,必须注意的是,选择的滤波区域尺寸不宜过大,否则可能会导致图像模糊。高斯滤波方法则能有效地滤除高斯噪声,同时保留更多的边缘和细节,使图像更加清晰,平滑效果也更为柔和。

例 3.7 图像平滑与增强的实例。

解 先对噪声图像进行平滑处理,再对处理后的图像进行增强处理,使图像的边缘与细节更加清晰。具体程序如下:

```
img=imread('component.jpg');
%设置高斯核参数,包括核大小和标准差(sigma);核大小为 5×5,标准差为 1
kernel_size=5;
sigma=1;
%使用 imgaussfilt 函数进行滤波操作
    img_gauss=imgaussfilt(img, sigma, 'FilterSize', kernel_size);

%对高斯滤波后的图像进行增强处理
img_sharp=imsharpen(img_gauss, 'Amount', 2, 'Radius', 2);


figure(1),imshow(img);
```

```
figure(2),imshow(img_gauss);
figure(3),imshow(img_sharp);
```

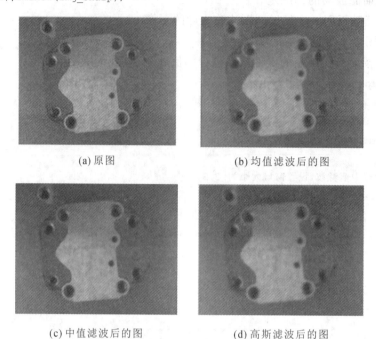

(a) 原图　　　　　　　　(b) 均值滤波后的图

(c) 中值滤波后的图　　　　(d) 高斯滤波后的图

图 3.10　滤波处理前后的对比图

从图 3.11 中可以看出,图像经过增强处理后,其亮度得到了提升,边缘和细节也变得更加清晰。

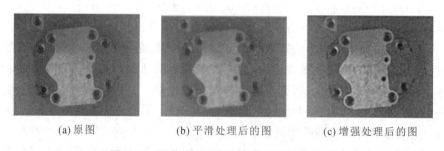

(a) 原图　　　　(b) 平滑处理后的图　　　　(c) 增强处理后的图

图 3.11　图像经过平滑与增强处理后的结果

习　题

3.1　什么是 ROI？截取 ROI 有什么意义？

3.2　为什么要对图像进行变换与校正？试用 MATLAB 对图 3.12 所示图像进行校正。

3.3　什么是图像增强？它包含哪些内容？

3.4　图像滤波的主要目的是什么？主要方法有哪些？

3.5　什么是图像平滑？请简述均值滤波的基本原理。

图 3.12　图像 1

3.6　对图 3.13 所示图像作 3×3 的中值滤波处理，写出处理结果。

```
1 7 1 8 2 7 1 1
1 1 1 5 2 2 1 1
1 1 5 5 5 1 1 7
8 1 1 5 1 1 8 1
8 1 1 5 1 8 1 1
1 7 1 8 1 7 5 1
1 7 1 8 1 7 1 1
1 1 5 1 5 5 1 1
```

图 3.13　图像 2

3.7　什么是图像锐化？图像锐化有几种方法？

3.8　低通滤波法中常用的滤波器有哪几种？它们的特点是什么？

第 4 章 图像分割

程序资源包

经过预处理后的图像依然是二维的,尽管它比原始图像更易于处理,但本身并不提供关于图像中所包含的物体信息。为了获取这些信息,必须执行图像分割,即识别并提取图像中与目标物体相对应的特定区域。图像分割技术将感兴趣的局部区域从背景中分离出来,分割的标准可以是图像的灰度、边界、几何形状、纹理、颜色等。这些标准使同一区域呈现相似性,而不同区域之间则呈现出明显的差异。根据图像的具体特征选择合适的图像分割方法至关重要,这是因为分割的效果会直接影响后续图像分析和识别的准确性。

4.1 阈值分割

作为一项经典的图像分割方法,阈值分割法不仅能够有效减少图像数据量,还简化了图像分析和处理的流程。其主要应用领域包括红外热成像、目标跟踪、雷达图像识别、血液细胞成像、磁共振成像以及产品质量检测等。

图像的阈值分割方法通过设定特定的像素灰度值范围,利用检测目标与背景之间的灰度差异,选取一个或多个灰度阈值,随后将每个像素点的灰度值与这些阈值进行比较,灰度值落在阈值范围内的像素点被归类为目标或前景,而其他像素点则被划分为背景。通常情况下,目标和背景分别用黑色和白色表示,从而形成二值图像。

阈值分割的定义如下:

$$S = \{(x,y) \in R \mid g_{\min} \leqslant f(x,y) \leqslant g_{\max}\} \quad (4.1)$$

式中: $f(x,y)$ 表示像素位置 (x,y) 的灰度值; $g_{\min}$、$g_{\max}$ 表示最小阈值和最大阈值,依赖于光照; S 表示目标区域。

阈值分割的优势在于其计算过程简单、运算效率高且速度快。然而,阈值分割的难点在于如何准确确定阈值。如果阈值设定过高,容易将部分目标区域判定为背景;如果阈值设定过低,则有可能将背景区域误判为目标。

阈值分割的流程包括三个基本步骤:

(1) 确定一个合适的阈值;
(2) 将这个阈值与图像中每个像素的灰度值进行比较;
(3) 根据比较结果将像素归入相应的类别。

此外,阈值分割又分为全局阈值分割和局部阈值分割两种方法。

4.1.1 全局阈值分割

全局阈值分割法是对整个图像的像素信息进行处理,特别适用于图像中光照均匀分布的情况,或者多张图像具有相同照明条件。该方法包括手动阈值分割和自动阈值分割两种形式。

1. 手动阈值分割

手动设定阈值的关键在于人为地选择合适的阈值。在图像检测中,当目标与背景的灰度差异显著时,图像通常会呈现出明显的谷底。在这种情况下,可以采用直方图谷底法来进行阈值分割。该方法通过选取直方图中两个峰值之间的最低点所对应的灰度值作为阈值,从而有效地从背景中分离出目标。尽管这种方法操作简便,但在选择阈值的过程中,容易受到噪声的干扰。

分割后二值图像像素 g 的表达式为

$$g = \begin{cases} 1, & f(x,y) \geqslant T \\ 0, & f(x,y) < T \end{cases} \tag{4.2}$$

对于有多个峰值的直方图,可以选择多个阈值。例如,当有两个明显谷底时,g 可表示为

$$g = \begin{cases} a, & f(x,y) > T_2 \\ b, & T_1 < f(x,y) \leqslant T_2 \\ c, & f(x,y) \leqslant T_1 \end{cases} \tag{4.3}$$

在 MATLAB 中,使用 im2bw 函数进行手动阈值分割处理。

img_binary=im2bw(img_gray, threshold)

参数说明如下:

img_gray:输入的灰度图像。

threshold:阈值,大于 threshold 的像素设置为 1(白色),其他设置为 0(黑色)。

img_binary:输出的二值图像。

例 4.1 手动阈值分割的实例。

解 完整的程序如下:

```
%读取并显示原始图像
img_gray=imread('lena.bmp');
figure(1);
imshow(img_gray);
title('原始图像');

%显示图像直方图
figure(2);
imhist(img_gray);
title('图像直方图');

figure(3)
%手动选择全局阈值
threshold=[50,150,200];
%将图像进行二值化
for i=1:3
    img_binary=im2bw(img_gray, threshold(i)/255);
```

```
    subplot(1,3,i);
    imshow(img_binary);
    title(strcat('T=',num2str(threshold(i))));
end
```

手动阈值处理前后的图像对比如图 4.1 所示。

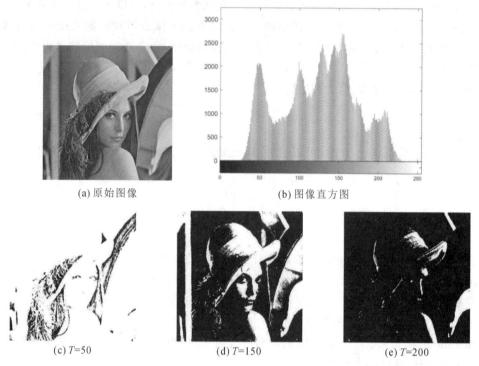

图 4.1 手动阈值处理前后的图像对比

2. 自动阈值分割

手动阈值分割法依赖于人对图像灰度的感知,这使得它难以应对图像灰度动态变化的情况,因此在分割过程中需要动态地调整阈值。相比之下,自动阈值分割法利用图像的灰度直方图的形状特征,选取直方图的谷底作为分割点,对波峰进行分割,从而确定合适的灰度阈值。

在 MATLAB 中,使用 graythresh 函数进行自动阈值分割处理。

threshold=graythresh (img_gray)

img_binary=imbinarize(img_gray, threshold)

参数说明如下:

img_gray:输入的灰度图像。

threshold:阈值,大于 threshold 的像素设置为 1(白色),其他设置为 0(黑色)。

img_binary:输出的二值图像。

例 4.2 自动阈值分割的实例。

解 完整的程序如下:

```
img_gray=imread('Lena.bmp');

%使用阈值算子进行全局直方图阈值分割
threshold=graythresh(img_gray);
```

```
img_binary=imbinarize(img_gray, threshold);

%显示原始图像和二值化图像
subplot(1, 2, 1); imshow(img_gray); title('原始图像');
subplot(1, 2, 2); imshow(img_binary); title('自动分割后的图像');
```
自动阈值处理前后的图像对比如图 4.2 所示。

(a) 原始图像　　　　　　(b) 自动分割后的图像

图 4.2　自动阈值处理前后的图像对比

3. 大津阈值分割

大津阈值分割(OTSU),也称类间方差阈值分割法,是由日本学者 Otsu 在 1979 年提出的一种灰度图像自适应阈值分割算法,是一种典型的自动阈值分割算法。该算法的基本思想是通过一个阈值将图像的像素分为前景和背景两个类别。当这两个类别中的像素灰度方差达到最大时,表明所选取的阈值是最佳的。OTSU 算法的优势在于其计算过程简单且执行速度快,不受图像亮度和对比度变化的影响。然而,它也存在一些局限性,例如对图像噪声较为敏感,仅适用于单一目标的分割,并且在前景和背景大小比例差异较大时,类间方差函数可能会出现双峰或多峰现象。

4.1.2　局部阈值分割

局部阈值分割法,又称局部自适应阈值分割,是基于局部统计信息(邻域),通过比较局部像素的灰度值,为每个像素计算阈值,特别适用于图像背景灰度复杂或目标物体存在阴影的情况。该方法在每个像素的邻域内,依据一个或多个选定像素的特性(如灰度范围、方差、均值或标准差)为图像中的每个像素点计算阈值。通过局部灰度对比,确定一个适当的阈值以实现图像分割,这在前景与背景的灰度难以明显区分时尤为有效。由于该方法需要遍历图像中的所有像素,邻域的大小会显著影响算法的执行速度。通常,邻域的尺寸只需略大于最小分割目标的尺寸即可。表 4.1 列出了三种常用的局部阈值分割方法。

表 4.1　常用的局部阈值分割方法

方法	Sauvola 法	Niblack 法	Bradley 法
定义	计算每个像素周围区域的均值和标准差,来确定每个像素的阈值,对于具有不均匀照明条件的图像效果较好	计算每个像素周围区域的均值和标准差,并使用预先定义的阈值调整像素的二值化结果	计算每个像素周围区域的平均亮度,并使用预先定义的参数来调整阈值

续表

方法	Sauvola 法	Niblack 法	Bradley 法
MATLAB 函数	binImg = imbinarize(Img, 'Sauvola');	binImg = imbinarize(Img, 'Niblack')	threshold=bradley(Img, [m n], p); binImg=imbinarize(Img, threshold) [m n]是局部窗口的大小，p是一个调整参数

例 4.3　局部阈值分割实例。

解　完整的程序如下：

```
img=imread('car_license.jpg');
subplot(1,2,1); imshow(img); title('原始图像');

subplot(1,2,2);
img_gray=rgb2gray(img);
img_binary=adaptthresh(img_gray, 0.5);
%自适应阈值确定每个像素的阈值
img_binary=imbinarize(img_gray, img_binary);
imshow(img_binary); title('提取文字');

%形态学操作改善字符区域的连通性
se=strel('disk', 3); %结构元素的大小可根据需要进行调整
img_binary=imclose(img_binary, se);

%提取字符区域
img_label=bwlabel(img_binary);
stats=regionprops(img_label, 'BoundingBox');

%绘制包围框并显示结果
hold on;
for i=1:numel(stats)
    rectangle('Position', stats(i).BoundingBox, 'EdgeColor', 'r', 'LineWidth', 2);
end
```

局部阈值分割后提取文字的结果如图 4.3 所示。

(a) 原始图像 　　　　(b) 提取文字

图 4.3　局部阈值分割后提取文字的结果

4.2 区域分割

通常情况下,同一图像区域内的像素往往具有相似性。区域分割正是基于这一特性,将具有相似属性的像素归并到同一区域,而将属性不同的像素分配到不同区域,从而实现图像的分割。它包括区域生长、区域分裂合并两种方法。

4.2.1 区域生长法

区域生长法是一种基于像素相似性的图像分割方法,它首先在图像中选定一个像素作为"种子",然后从这个"种子"像素的邻域开始搜索,通过比较"种子"像素与相邻像素的相似性,依据某种相似性度量(如灰度值、颜色值或纹理特征)准则将具有相似性质的像素合并到"种子"像素所在的区域中。最后,将这些新像素作为新的"种子"像素继续进行上述操作,直到再没有满足条件的像素为止,从而完成图像的分割。然而,该方法的缺点是,当图像中存在噪声或灰度分布不均匀时,可能会产生空洞或过度分割的问题,因此在处理图像中阴影区域时效果并不理想。

区域生长法的步骤如下:
(1) 选择合适的"种子"像素,不同的"种子"像素会导致不同的分割结果;
(2) 确定相似性度量准则,既可以自由指定,也可以在同一时刻挑选多个准则;
(3) 确定区域生长的终止条件。

在 MATLAB 中,编写函数 regionGrowing 来实现区域生长法。

mask=regionGrowing(img, seedRow, seedCol, threshold)

参数说明如下:
img:输入的图像。
seedRow、seedCol:种子像素的位置。
threshold:定义阈值。
mask:分割的区域。

例 4.4 区域生长法实例。

解 完整的程序如下:

```
%读取图像并显示原图
img_gray=imread('lena.bmp');
subplot(1,2,1); imshow(img_gray); title('原图');

%选择种子点
[seedRow, seedCol]=ginput(1); %在图像上点击选择一个种子点
seedRow=round(seedRow);
seedCol=round(seedCol);
imshow(img_gray); hold on; %显示图像并保持当前图层
plot(seedCol, seedRow, 'ro'); %在种子点处标红点
hold off;

mask=regionGrowing(img_gray, seedRow, seedCol, 30); %用定义阈值 30 进行区域生长
```

```
subplot(1,2,2); imshow(mask); title('区域生长的分割结果');%显示分割结果掩码图
```
选择的"种子"像素点如图 4.4 所示。

图 4.4　"种子"像素点

区域生长法执行结果如图 4.5 所示。

(a) 原始图像　　　　　　　　　　　　(b) 区域生长分割后的图像

图 4.5　区域生长法执行结果

4.2.2　区域分裂合并法

在不了解区域的形状和数目的情况下，可以采用区域分裂合并法。这种方法是区域生长法的逆过程，它首先将整个图像分割成各个互不重叠的区域，然后依据某种相似性度量准则将这些目标区域进行合并，以达到图像分割的目的。

设原图像为 R，用 Q 代表某种相似性度量准则。区域分裂合并法是基于四叉树思想，将图像 R 看作树根（root），初始时将 R 等分成四个区域，作为被分裂的第一层。随后，将分裂得到的子图再次分为四个区域，直到对任意区域 R_i：若 $Q(R_i)$ = TRUE，则表明区域 R_i 已满足相似性度量准则，此时停止对该区域的进一步分裂；若 $Q(R_i)$ = FALSE，则将 R_i 继续分裂为四个区域。重复此过程，直至所有区域均满足 $Q(R_i)$ = TRUE，如图 4.6 所示。合并

操作是将图像中任意两个具有相似性质的相邻区域 R_j 和 R_k 合并。若 $P(R_j \bigcap R_k) =$ TRUE,则执行合并 R_j 和 R_k,直到无法再进行合并时停止操作。

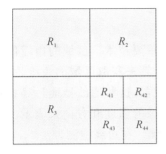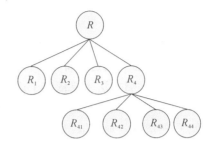

图 4.6 四叉树结构

在 MATLAB 中,编写 regionSplitAndMerg 函数来实现区域分裂合并法。
labels=regionSplitAndMerg(img,initialLabels,threshold)
参数说明如下:
img:输入的图像。
initialLabels:初始标签矩阵。
threshold:设置相似性阈值。
labels:分割的区域。

例 4.5 区域分裂合并法实例。

解 完整的程序如下:

```
%读取图像
img=imread('lena.bmp');

subplot(1,2,1); imshow(img); title('原图');

img_bw=imbinarize(img); %二值化图像
threshold=100; %设置相似性阈值
labels=bwlabel(img_bw); %获取初始标签矩阵(每个连通区域一个标签)
finalLabels=regionSplitAndMerg(img,labels,threshold); %应用分裂与合并算法
%显示最终结果
subplot(1,2,2); imshow(label2rgb(finalLabels)); title('区域分裂合并的分割结果');
```

区域分裂合并前后的图像对比如图 4.7 所示。

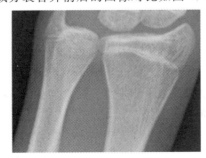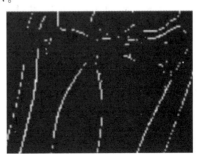

(a) 原始图像　　　　　　　　　　(b) 区域分裂合并后的图像

图 4.7 区域分裂合并前后的图像对比

4.3 边缘检测

在图像处理中,边缘检测是识别目标区域的一个重要技术。区域的边缘像素通常会在灰度上表现出显著的变化,利用这种特性,可以通过计算来获取区域的边缘轮廓,进而作为图像分割的参考。边缘检测方法主要依赖于边缘滤波器,这些滤波器通过寻找较亮和较暗的区域边界像素点的方式来提取边缘信息,通常用边缘的强度和方向来表示。筛选出边缘强度较高的像素点,便能有效地提取出区域的边缘轮廓。在边缘检测方法中,经典的算子包括一阶微分算子和二阶微分算子。

4.3.1 一阶微分算子

一阶微分算子通过模板(核函数)与图像的每个像素点进行卷积运算,然后通过选取合适的阈值来提取图像边缘。常见的算子包括 Roberts 算子、Prewitt 算子、Sobel 算子和 Kirsch 算子。

假设原始图像为 I,图像每个像素的灰度值可由 x 与 y 方向的灰度值计算得到,其梯度幅值和方向的表达式为

$$G = \sqrt{\left(\frac{\partial I}{\partial x}\right)^2 + \left(\frac{\partial I}{\partial y}\right)^2} = \sqrt{I_x^2 + I_y^2}, \theta = \arctan(I_y/I_x) \tag{4.4}$$

1. Roberts 算子

Roberts 算子是最简单的边缘检测算子,它通过计算对角线方向相邻像素之差(局部差分)来近似梯度的幅度,以此来识别边缘。该算子在检测垂直边缘方面要优于其他方向的边缘,具有较高的定位精度,但无法抑制噪声的影响。Roberts 算子包含两个对应 x 与 y 两个方向的 2×2 卷积核,具体为

$$\begin{bmatrix} 1 & 0 \\ 0 & -1 \end{bmatrix}, \begin{bmatrix} 0 & -1 \\ 1 & 0 \end{bmatrix}$$

2. Prewitt 算子

Prewitt 算子通过计算特定区域内像素灰度值的差分来实现边缘检测。该算子包含两个对应 x 与 y 两个方向的 3×3 卷积核,具体为

$$\begin{bmatrix} -1 & 0 & 1 \\ -1 & 0 & 1 \\ -1 & 0 & 1 \end{bmatrix}, \begin{bmatrix} -1 & -1 & -1 \\ 0 & 0 & 0 \\ 1 & 1 & 1 \end{bmatrix}$$

Prewitt 算子采用 3×3 卷积核,其边缘检测效果在水平和垂直方向上均比 Robert 算子更为显著,特别适用于识别含有较多噪声和灰度渐变的图像。

3. Sobel 算子

Sobel 算子在 Prewitt 算子的基础上引入了权重的概念,认为相邻像素点的距离对当前像素点的影响是不同的。具体来说,距离越近的像素点对当前像素的影响越大,这有助于图

像锐化并突出边缘轮廓。Sobel 算子融合了高斯平滑和微分求导技术,通过计算像素点上、下、左、右邻点的灰度加权差,在边缘处产生极值来检测边缘。它对噪声具有平滑效果,并能提供较为精确的边缘方向信息,因此常用于处理噪声较多和灰度渐变的图像。

Sobel 算子包含两个对应 x 与 y 两个方向的 3×3 卷积核,具体为

$$\begin{bmatrix} -1 & 0 & 1 \\ -2 & 0 & 2 \\ -1 & 0 & 1 \end{bmatrix}, \quad \begin{bmatrix} -1 & -2 & -1 \\ 0 & 0 & 0 \\ 1 & 2 & 1 \end{bmatrix}$$

4. Kirsch 算子

Kirsch 算子是一种基于像素局部差分的边缘检测方法。该检测方法通过计算像素与其 8 个相邻像素之间的差值,取其中的最大值作为该像素的边缘响应。这种方法对噪声有一定的鲁棒性,并且能够较好地检测出图像中的边缘。Kirsch 模板除了包含 X 方向和 Y 方向外,还包含两个对角方向。Kirsch 算子运用了 8 个不同的模板(见图 4.8),这些模板各自对应着 8 个不同的方向,以确定图像的梯度幅度值及其方向。在图像处理过程中,每个像素点都会与这 8 个模板进行卷积运算。每个模板针对特定的边缘方向产生最大响应,最终,这 8 个方向上的最大响应值将被选取,构成边缘幅度图像的输出结果,计算公式如下:

$$G = \max(|M_0|,|M_1|,|M_2|,|M_3|,|M_4|,|M_5|,|M_6|,|M_7|) \tag{4.5}$$

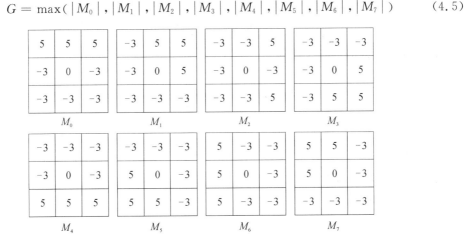

图 4.8 8 个不同的模板

4.3.2 二阶微分算子

边缘是指图像中一阶微分达到局部最大值的位置,这也表明在这些点上,二阶微分等于零。因此,基于二阶微分过零点的边缘检测算子(如 Laplacian 算子和 Canny 算子)的梯度幅值的表达式为

$$\nabla G = \frac{\partial^2 I}{\partial x^2} + \frac{\partial^2 I}{\partial y^2} \tag{4.6}$$

1. Laplacian 算子

Laplacian 算子通过计算中心像素在 4 个或 8 个方向上的梯度,并将这些梯度值相加以

评估中心像素的灰度以及与邻域内其他像素灰度之间的关系。该算子具有旋转不变性,能满足不同方向的图像边缘检测需求。然而,Laplacian算子可能会产生双边缘效应,并且无法确定边缘检测的方向,同时它对噪声非常敏感。Laplacian算子的四邻域模板为

$$\begin{bmatrix} 0 & 1 & 0 \\ 1 & -4 & 1 \\ 0 & 1 & 0 \end{bmatrix}$$

2. Canny算子

Canny算子是一种广泛应用于边缘检测的标准算法,其目标是找到一个最优的边缘检测解或找到一幅图像中灰度强度剧烈变化的位置。该算子首先通过高斯平滑滤波器对图像进行平滑处理以去除噪声,接着利用一对卷积阵列计算图像中边缘的梯度幅值和方向。随后,该算子利用非极大值抑制技术去除那些非边缘的线条,最终借助双阈值(高阈值和低阈值)来识别并连接边缘,从而实现了良好的边缘定位和较低的误检率。

3. LoG算子(Laplacian of Gauss算子)

LoG算子通过引入高斯低通滤波预处理,有效改善了传统Laplacian算子对噪声敏感的缺陷。然而,这种预处理方法可能会导致原有的锐利边缘变得模糊,从而影响边缘的检测精度。

在MATLAB中,使用edge函数实现边缘检测。

img_res=edge(img, method)

参数说明如下:

img:输入的图像。

method:边缘检测方法。

img_res:检测结果。

例4.6 边缘检测实例。

解 完整的程序如下:

```
%读取原图并显示
img=imread('lung.png');
img_gray=rgb2gray(img);
subplot(2,3,1); imshow(img_gray); title('灰度图像');

%对图像进行边缘检测
edgeimg_R=edge(img_gray, 'Roberts'); %Roberts算子
edgeimg_P=edge(img_gray, 'Prewitt'); %Prewitt算子
edgeimg_S=edge(img_gray, 'Sobel'); %Sobel算子
edgeimg_C=edge(img_gray, 'Canny'); %Canny算子
edgeimg_L=edge(img_gray, 'log'); %Log算子

subplot(2,3,2); imshow(edgeimg_R); title('Roberts边缘检测');
subplot(2,3,3); imshow(edgeimg_P); title('Prewitt边缘检测');
subplot(2,3,4); imshow(edgeimg_S); title('Sobel边缘检测');
subplot(2,3,5); imshow(edgeimg_C); title('Canny边缘检测');
```

```
subplot(2,3,6); imshow(edgeimg_L); title('LoG边缘检测');
```
原图与边缘检测结果对比如图 4.9 所示。

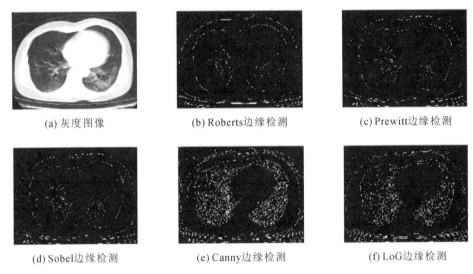

图 4.9 原图与边缘检测结果对比

4.4 Hough 变换

边缘检测技术理应仅产生边缘上的像素点,但实际中由于噪声干扰和光照不均匀等问题,所获得的边缘点常常会出现亮度不连续的情况。为了提取出完整的边缘特征,必须对这些不连续的边缘点进行连接处理。Hough 变换是一种重要的图像边缘连接技术,能够识别直线、曲线、圆形、椭圆形、双曲线等多种形状。接下来,通过直线检测的例子,详细阐述 Hough 变换的具体过程。

如图 4.10 所示,在图像空间中,通过像素点 $A(x_0,y_0)$ 可以有无数条直线,这些直线构成了一个过该点的直线簇,其表达式为

$$y_0 = kx_0 + b \tag{4.7}$$

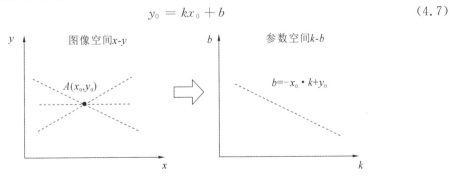

图 4.10 直角坐标中的空间转换

若将像素点 $A(x_0,y_0)$ 视为常数,参数 k 和 b 视为变量,形成参数空间 $k\text{-}b$,这样式(4.7)可写为

$$b = -x_0 \cdot k + y_0 \tag{4.8}$$

在直线簇中,每条直线都对应着唯一的 k 和 b 参数值。因此,由 x-y 直角坐标系定义的图像空间,便转换成了由 k-b 直角坐标系定义的参数空间。图像空间中的每一个点,都与参数空间中的直线一一对应。

接着,在图像空间有两像素点 (x_0,y_0) 和 (x_1,y_1),过点 (x_0,y_0) 和点 (x_1,y_1) 均有一簇直线,同时这两点会确定一条直线 L。由上述分析,这两点分别对应参数空间中的两条直线。参数空间中两条直线的交点会同时满足图像空间两点 (x_0,y_0) 和 (x_1,y_1) 所对应参数空间两条直线的方程。直角坐标中的两点空间转换见图 4.11。

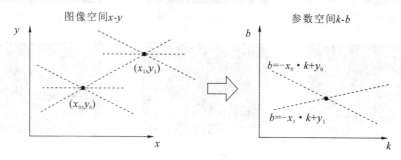

图 4.11 直角坐标中的两点空间转换

Hough 变换依据上述原理,通过执行图像空间与参数空间之间的坐标转换,将图像空间中的直线映射至参数空间的一个点,然后通过在参数空间里寻找峰值来完成直线检测任务。

例 4.7 Hough 变换检测实例。

解 完整程序如下:

```
img=imread('lane.jpg');
img_gray=rgb2gray(img);
subplot(1,2,1); imshow(img);title('原图');
edges=edge(img_gray, 'log');
subplot(1,2,2);
imshow(edges);
title('Hough 变换检测图');

%Hough 变换
[H, theta, rho]=hough(edges);

%寻找直线
P=houghpeaks(H, 5); %选择最强的 5 个峰值
lines=houghlines(edges, theta, rho, P);

hold on
for k=1:length(lines)
    xy=[lines(k).point1; lines(k).point2];
    plot(xy(:,1), xy(:,2), 'LineWidth', 2, 'Color', 'r');
end
```

Hough 变换检测结果如图 4.12 所示。

(a) 原图　　　　　　　　(b) Hough 变换检测图

图 4.12　Hough 变换检测结果

4.5　分水岭算法

基于数学形态学的拓扑理论,分水岭算法是一种典型的边缘检测图像分割方法。该算法将空间位置接近且灰度值相似的像素点连接起来,形成封闭轮廓以实现图像分割。

在分水岭算法中,图像的灰度被看作一张地形图,图像中每个像素点的灰度值代表其海拔。高灰度值象征着山峰,而低灰度值则代表谷底。每个局部最小值及其影响区域被称为集水盆,集水盆的边界则构成了分水岭。分水岭算法的一个重要特性是封闭性,它对微弱边缘具有良好的检测能力,但图像噪声可能导致该算法出现过度分割的现象。

分水岭算法特别适用于复杂背景的目标分割,尤其是那些具有蜂窝状结构的图像内容。与其他分割方法相比,分水岭算法的分割思想更符合人类视觉对图像区域的感知特性。

例 4.8　分水岭算法实例。

解　完整程序如下:

```
img=imread('lung.png');
img_gray=rgb2gray(img);
img_smoothed=imgaussfilt(img_gray, 2); %高斯平滑去除噪声

%计算图像梯度
[dx, dy]=gradient(double(img_smoothed));
gradient_magnitude=sqrt(dx.^2+dy.^2);

%寻找并标记种子点
seeds=imregionalmin(gradient_magnitude);
marker=label2rgb(bwlabel(seeds), 'jet', 'w', 'shuffle');
```

```
%分水岭算法
img_distance=-bwdist(~seeds);
watershed_lines=watershed(img_distance);
segmented_img=label2rgb(watershed_lines, 'jet', 'w', 'shuffle');

figure;
subplot(1, 2, 1), imshow(marker), title('种子点标记');
subplot(1, 2, 2), imshow(segmented_img), title('分水岭算法分割结果');
```

分水岭算法分割结果如图 4.13 所示。

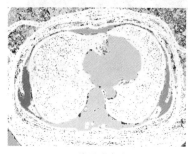
(a) 种子点标记

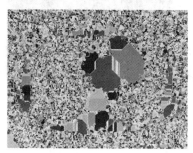
(b) 分水岭算法分割结果

图 4.13 分水岭算法分割结果

习　　题

4.1　什么是图像分割？请列出三种图像分割的算法。

4.2　请简述利用区域生长法进行图像分割的过程。

4.3　请简述利用图像直方图确定图像阈值的图像分割方法。

4.4　请对图 4.14 采用简单区域增长法进行区域增长，并给出灰度差值为 $T=1$、$T=2$、$T=3$ 三种情况下的分割图像。

4.5　请用分裂合并法分割图 4.15，并给出对应的分割结果的四叉图。

4.6　对武汉工程大学机电工程学院 logo(见图 4.16)实现边缘检测。

1	0	4	7	5
1	0	4	7	6
0	1	5	6	5
2	2	5	6	4
2	5	3	5	3

图 4.14　图像 1

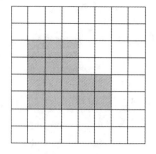

图 4.15　图像 2

图 4.16　图像 3

第 5 章 图像特征提取

程序资源包

经过图像分割后,可以识别出一些有用的区域或边缘轮廓。然而,这些仅仅是对分割结果的初步描述,并不足以满足后续图像处理的要求。图像的特征描述了图像的本质属性,因此,如何从图像分割区域中筛选出有价值的信息,这就需要使用特征来进行判断和选择。图像特征的提取将直接影响到图像识别效果,有效利用特征提取是实现精确图像识别的重要基础。

5.1 图像特征概述

特征是某一类对象区别于其他对象的独特特性或这些特性的集合。每一张图像都具有区别于其他图像的特征,如自然特征(如像素灰度、边缘轮廓、纹理、色彩)或通过计算和变换得到的特征(如直方图、频谱、不变矩)。在从图像中提取有用信息的过程中,关键在于确定一个或多个特征,而将这些特征从图像中分离出来的过程被称为特征提取。在进行特征提取时,应当注意以下几点:

(1)选取的特征应能准确描述图像,并且能够有效区分不同类别的图像。

(2)选择那些易于提取且具有明显差异的图像特征。同类图像特征之间差异较小,不同类图像特征之间差异较大。

(3)特征应对噪声或相关变换具有鲁棒性。例如,在车牌号码识别中,面对不同方位的车牌图像,所关注的是车牌上的字母和数字。因此,需要采用对几何失真、变形等变换不敏感的描述算子,获得对投影失真或旋转具有不变性的特征。

通常,图像的特征包括基于区域形状的特征、基于灰度值的特征、基于图像纹理的特征三个部分。

5.2 基于区域形状的特征

在特征提取的过程中,区域的形状特征是最常用的,包括区域属性以及基于这些特征创建的区域。就区域属性而言,区域面积和中心点坐标是分别描述图像特征和确定区域位置的两个最常用指标。具体来说,区域面积是指区域所包含的像素数目。

在 MATLAB 中,可通过 regionprops 函数测量图像区域的属性,包括区域的面积、周长、中心点坐标、方向、边界框等(见表 5.1),该函数也支持连续区域和不连续区域。

stats=regionprops(L, properties)

表 5.1 常用的区域特征

特征	含义
Area	区域中的实际像素数,即面积
BoundingBox	包含区域的最小外接框的位置和大小
Centroid	区域的质心
Circularity	区域的圆度
ConvexHull	包含区域的最小凸多边形
Eccentricity	与区域具有相同二阶矩的椭圆的偏心率
EquivDiameter	与区域面积相同的圆的直径
Orientation	x 轴与椭圆长轴之间的角度
Perimeter	围绕区域边界的距离
MinorAxisLength	椭圆短轴的长度
MajorAxisLength	椭圆长轴的长度

参数说明如下:

L:测量标注图像。

properties:测量图像区域的属性,缺省时,返回"Area""Centroid"和"BoundingBox"测量值。

例 5.1 获取区域的面积和中心点实例。

解 完整程序如下:

```
img_raw=imread("circles.png");
subplot(1,2,1);imshow(img_raw);title("原始图像")

%通过阈值操作将图像转换为二值图像。像素值小于 50 的部分被视为黑色(值为 1),其余部分被视为白色(值为 0)
img_bw=img_raw < 50;
subplot(1,2,2);imshow(img_bw);title("带黑色圆的图像")

stats = regionprops ( " table ", img _ bw," Centroid ", " Area ", " MajorAxisLength ",
"MinorAxisLength");

centers=stats.Centroid;
diameters=mean([stats.MajorAxisLength stats.MinorAxisLength],2);
radii=diameters/2;
area=stats.Area;

hold on
viscircles(centers,radii);
hold off

for i=1:size(centers,1)
```

```
    disp(['区域 ' num2str(i)]);
    disp(['区域面积:' num2str(area(i))]);
    disp(['中心点坐标:' num2str(centers(i,:))]);
end
```

程序执行结果如图 5.1 所示。

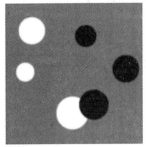 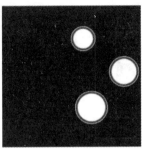

区域 1
区域面积:4965
中心点坐标:300   120
区域 2
区域面积:9337
中心点坐标:330.2853   369.9162
区域 3
区域面积:7769
中心点坐标:450   240

(a) 原始图像　　　　(b) 带黑色圆的图像　　　　(c) 输出结果

图 5.1　程序执行结果 1

例 5.2　获取图像区域的最小外接圆与矩阵实例。

解　完整程序如下：

```
img_raw=imread("gear.jpg");
imshow(img_raw);

gausFilter=fspecial('gaussian',[5 5], 1);
img_2=imfilter(img_raw, gausFilter, 'replicate');   %高斯滤波
img_3=edge(img_2,'Canny',0.1);         %边缘提取
img_41=imfill(img_3,'holes');          %孔洞填充
img_4=bwperim(img_41);                 %提取最外围边缘
img_5=bwareaopen(img_4,100);           %去除面积小于 100 px 的部分

stats=regionprops(img_5, 'BoundingBox');
numRegions=numel(stats);

hold on;
for i=1:numRegions
    %获取当前区域的边界框坐标
    bbox=stats(i).BoundingBox;
    %计算边界框的中心点
    center=[bbox(1)+bbox(3)/2, bbox(2)+bbox(4)/2];
    %计算边界框的半径
    radius=max(bbox(3)/2, bbox(4)/2);
     %绘制最小外接圆
    viscircles(center, radius, 'Color', 'r');
end
```

程序执行结果如图 5.2 所示。

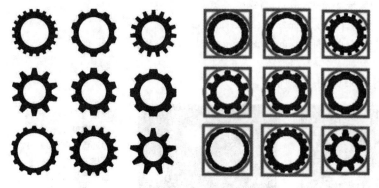

(a) 原始图像   (b) 运行结果

图 5.2　程序执行结果 2

5.3　基于灰度值的特征

基于灰度值的图像特征,即利用灰度信息显示区域或者图像的特征。典型的灰度特征有灰度的最小值和最大值、灰度的均值和偏差、灰度的区域面积和中心等。

灰度均值是对区域内灰度值求平均,可以表征亮度的变化,定义为

$$\overline{g} = \frac{1}{a} \sum_{(x,y) \in R} g_{x,y} \tag{5.1}$$

式中:$g_{x,y}$ 是图像上坐标 (x,y) 的灰度值;a 是区域的面积。

灰度偏差能被用来调整分割阈值,定义为

$$s = \sqrt{\frac{1}{a-1} \sum_{(x,y) \in R} (g_{x,y} - \overline{g})^2} \tag{5.2}$$

例 5.3　获取图像灰度特征的实例。

解　完整程序如下:

```
img_raw=imread('wit_me.png');
img_gray=rgb2gray(img_raw);

%计算图像的灰度特征值
gray_values=img_gray(:);

%计算最大灰度值、最小灰度值
max_gray=max(gray_values);
min_gray=min(gray_values);

%计算平均灰度值、标准差、方差
mean_gray=mean(gray_values);
std_gray=std(double(gray_values));
var_gray=var(double(gray_values));
```

```
%计算灰度区域的面积、中心
area=numel(gray_values);
centroid=[mean(gray_values), median(gray_values)];

%显示结果
disp(['最大灰度值：', num2str(max_gray)]);
disp(['最小灰度值：', num2str(min_gray)]);
disp(['平均灰度值：', num2str(mean_gray)]);
disp(['标准差：', num2str(std_gray)]);
disp(['方差：', num2str(var_gray)]);
disp(['面积：', num2str(area)]);
disp(['中心：', num2str(centroid)]);

subplot(1,2,1);imshow(img_gray);title('灰度图像');
subplot(1,2,2);imhist(gray_values);title('灰度直方图');xlabel('灰度值');ylabel('像素数量');
```

计算的灰度值特征见图 5.3。

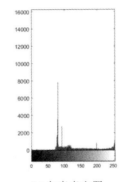

(a) 灰度图像　　　　(b) 灰度直方图　　　　(c) 输出结果

图 5.3　计算的灰度值特征

5.4　基于图像纹理的特征

图像纹理（如布纹、草地、砖墙、墙面等表面特征）是由空间位置上重复出现的灰度分布形成，表现出一种重复性结构。这种结构通常受到图像分辨率、光照条件、反射特性等因素的影响。与单一像素的灰度值特征不同，纹理特征是在包含多个像素点的区域上进行统计和分析的，能够反映物体表面灰度像素的排列情况，从而反映出物体表面的一些特性。

纹理特征具有以下特性：

（1）作为全局特征，纹理特征在模板匹配过程中不会因为局部偏差而无法匹配；

（2）纹理特征展现出旋转不变性，能够抵抗噪声干扰；

（3）利用纹理特征可以有效地检测出粗细、疏密等差异显著的图像。

图像的纹理单元通常会以一定的规律出现在图像的不同位置，即便存在形变或方向上的偏差,图像中一定距离之内也往往有灰度相似的像素点,即图像中灰度的空间相关特性,这一特性通常用灰度共生矩阵(gray-level co-occurrence matrix,GLCM)来表示。

灰度共生矩阵是一种统计分析方法,由 Haralick 等人在 20 世纪 70 年代初期提出。该方法是假定图像中各像素之间的空间分布关系包含了图像纹理信息,从而形成了一种广泛应用于纹理分析的方法。

作为一种经典的图像纹理特征描述方法,灰度共生矩阵是基于像素间距离和角度的矩阵函数。灰度共生矩阵通过计算图像中一定距离和方向上成对像素点的灰度共生关系,可以提取图像在方向、间隔、变化幅度及度的速度等方面的信息。对于灰度共生矩阵,需要明确以下概念。

(1) 方向:通常选取水平方向($0°$)、垂直方向($90°$),以及对角线方向($45°$、$135°$)进行分析;

(2) 步距 d:中心像素与其相邻像素之间的距离;

(3) 级数:当灰度图像的灰度值级数为 N 时,相应的灰度共生矩阵的维度是 $N \times N$。

具体来说,设图像任意一点 (x,y) 的灰度值为 i,与该点相邻点 $(x+a,y+b)$ 的灰度值为 j,则这一对像素点的灰度值为 (i,j),然后统计成对灰度像素点 (i,j) 取各个灰度值范围的次数,将所得次数依次填入 $N \times N$ 的矩阵,得到灰度共生矩阵。图 5.4 给出了一个具体计算实例。

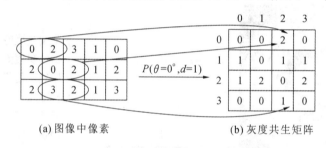

(a) 图像中像素　　　　　(b) 灰度共生矩阵

图 5.4　方向 $\theta = 0°$、间距 $d = 1$ 时灰度共生矩阵

图 5.4(a)描述了图像中像素灰度值的分布情况,图 5.4(b)给出了一个 $L \times L$ 的灰度共生矩阵,记录了具有特定空间位置关系且灰度值分别为 i 和 j 的两个像素出现的次数或频率。L 为图像灰度级大小,在本例中,L 的值为 4。灰度共生矩阵中每个数值表示该数值所在行 i 和列 j 在图像中出现像素值为 i 和 j 相邻关系的次数。例如,GLCM(0,2)=2 表示灰度值为 0 和 2 的组合在图像中出现了 2 次;同理,GLCM(3,2)=1 则表示灰度值为 3 和 2 的组合在图像中出现了 1 次。

图像的灰度共生矩阵反映了图像灰度关于方向、相邻间隔、变化幅度等信息,具有以下四个特性。

(1) 能量:即灰度共生矩阵各元素的平方和,它反映了图像灰度分布的均匀程度和纹理的粗细程度。能量值越大,表明灰度变化越稳定。

(2) 相关性:衡量纹理在行或列方向上的相似程度。相关性越大,相似性越高。

(3) 局部均匀性:反映了图像局部纹理的变化量。通常,粗纹理的均匀度较高,而细纹理的均匀度较低。

(4) 对比度:表示矩阵值之间的差异程度,间接反映了图像局部灰度变化的幅度。对比度越大,图像纹理的深浅对比越明显,表明图像越清晰;对比度越小,则图像显得越模糊。

在 MATLAB 中,可通过 graycomatrix 函数计算灰度共生矩阵,并利用 graycoprops 函数获得灰度共生矩阵的特性。

glcm=graycomatrix(gray_img, param1, val1, …)

参数说明如下：

gray_img：灰度图像。

param1：包含层数 NumLevels、偏置 Offset、对称性 Symmetric。

val1：参数值。

例 5.4 计算灰度共生矩阵的实例。

解 完整程序如下：

```
img=imread('wit_me.png');
img_gray=rgb2gray(img);
imshow(img_gray)

%创建灰度共生矩阵
glcm=graycomatrix(img_gray, 'NumLevels', 256, 'Offset', [0 1], 'Symmetric', true);
disp('灰度共生矩阵:'); disp(glcm);

%计算灰度共生矩阵的统计特征
stats=graycoprops(glcm);
disp('灰度共生矩阵的统计特征:'); disp(stats);
```

程序执行结果如图 5.5 所示。

(a) 灰度图像

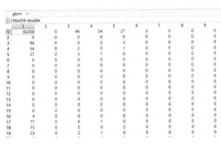
(b) 灰度共生矩阵

灰度共生矩阵的统计特征：
Contrast: 499.6275
Correlation: 0.9771
Energy: 0.2503
Homogeneity: 0.8076

(c) 输出结果

图 5.5 程序执行结果 3

习 题

图 5.6 字母 A

5.1 什么是图像特征？图像特征可以分为哪几类？

5.2 在 MATLAB 中计算出图 5.6 中字母 A 的区域面积和中心点坐标。

5.3 利用 MATLAB 计算出图 5.6 中字母 A 的灰度值的平均值和偏差。

5.4 写出图 5.4 中方向 $\theta=90°$、间距 $d=1$ 以及方向 $\theta=45°$、间距 $d=1$ 时的灰度共生矩阵。

第 6 章 图像形态学

程序资源包

在第 4 章中,通过图像分割得到的区域常常伴随着噪声。因此,需要调整分割后区域的形状以获取预期的结果,这属于数学形态学的研究范畴。数学形态学是一种分析空间结构的理论框架,它能够对区域及其灰度值进行调整或描述区域形状。

6.1 数学形态学运算

在图像处理中,数学形态学操作通常将一幅图像或图像 ROI 看作一个集合,用 A、B、C 等大写字母表示。而所谓的元素,通常指的是单个像素,通过其在图像中的坐标来标识。接下来,将介绍一些集合关系。

1. 集合与元素的关系

属于与不属于:对于某一个集合 A,若元素 a 在 A 之内,则称 a 是属于 A 的元素,记作 $a \in A$;若元素 b 不在 A 内,则称 b 是不属于 A 的元素,记作 $b \notin A$。如图 6.1 所示。

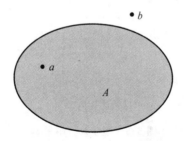

图 6.1 集合与元素的关系

2. 集合与集合的关系

(1) 并集:$C = \{z \mid z \in A \text{ 或 } z \in B\}$,记作 $C = A \cup B$,即 A 与 B 的并集 C 包含集合 A 与集合 B 的所有元素,如图 6.2(a) 所示。

(2) 交集:$C = \{z \mid z \in A \text{ 且 } z \in B\}$,记作 $C = A \cap B$,即 A 与 B 的交集 C 包含既属于 A 又属于 B 的所有元素,如图 6.2(b) 所示。

(3) 补集:$A^c = \{z \mid z \notin A\}$,即 A 的补集是由不包含 A 的所有元素组成的集合,如图 6.2(c) 所示。

(4) 差集:$A - B = \{z \mid z \in A, z \notin B\}$,即 A 与 B 的差集由所有属于 A 但不属于 B 的元素构成,如图 6.2(d) 所示。

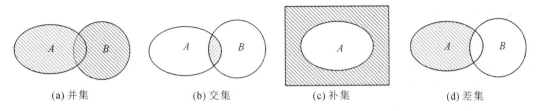

(a) 并集   (b) 交集   (c) 补集   (d) 差集

图 6.2 集合与集合的关系

3. 平移与反射

(1) 平移:将一个集合 A 平移距离 x,可以表示为 $A+x$,如图 6.3(a)所示,记作 $A+x=\{a+x | a \in A\}$。

(2) 反射:设有一幅图像 A,将 A 中所有元素相对原点旋转 $180°$,所得到的新集合称为 A 的反射集,记为 B,如图 6.3(b)所示。

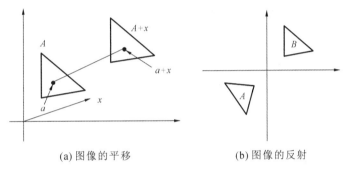

(a) 图像的平移   (b) 图像的反射

图 6.3 图像的平移与反射

4. 结构元素

设有两幅图像 A、B,若 A 是被处理的图像,B 是用来处理 A 的图像,则称 B 为结构元素。结构元素通常由 0 和 1 的二值像素组成,形状和大小自创,可以是圆形、矩形、椭圆形等。

在 MATLAB 中,用 strel 函数生成结构元素(structuring element,SE),常用于图像的膨胀、腐蚀、开运算、闭运算等操作。

```
se=strel(shape, parameters)
```

参数说明如下:

shape:生成的形状,包括矩形、十字形、菱形、圆形、自定义形状等。

parameters:生成形状的大小。

6.2 二值图像的形态学运算

二值图像的形态学运算包括腐蚀与膨胀、开与闭运算、顶帽与底帽运算、击中击不中运算等。在这些操作中,腐蚀与膨胀是两种最基本的形态学运算,而其他形态学运算则由这两种基本运算组合而成。

6.2.1 腐蚀与膨胀运算

腐蚀与膨胀运算是对区域的"收缩"或"扩张",通常用结构元素对图像的边缘进行处理。结构元素类似于"滤波核"的元素,由 0 和 1 组成的二值像素在其图像上进行滑动。结构元素的原点相当于"滤波核"的中心,其形状和尺寸由所使用的腐蚀或膨胀算子确定。结构元素的形状和尺寸决定着腐蚀或膨胀程度,结构元素越大,被腐蚀消失或被膨胀增加的区域也会越大。

1. 腐蚀运算

设有集合 A 和集合 B,集合 A 被集合 B 腐蚀的结果定义为:所有满足 B 经平移 z 后仍完全包含于 A 的平移点 z 构成的集合,记作

$$A \ominus B = \{z \mid (B_z) \subseteq A\} \tag{6.1}$$

式中:A 称为输入图像;B 称为结构元素。

腐蚀运算的原理如图 6.4 所示,它能够消除图像的边界点,导致边界向内部收缩。

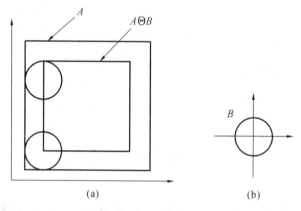

图 6.4 腐蚀运算的原理

图 6.5 给出了一个腐蚀运算的具体实例。图 6.5(a)是待处理的二值图像,图 6.5(b)是结构元素,而图 6.5(c)为经过腐蚀处理后得到的图像。腐蚀的过程是将图 6.5(b)的中心点和图 6.5(a)上的点逐一比较,若结构元素上的所有点都在图 6.5(a)的范围内,则该点保留,否则将该点移除。从图 6.5(c)中可以看出,尽管它仍在原图 6.5(a)的范围内,但比图 6.5(a)包含的点要少,就好像图 6.5(a)被腐蚀掉了一层。

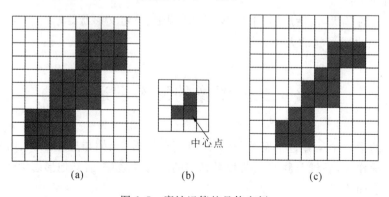

图 6.5 腐蚀运算的具体实例

在 MATLAB 中，可通过 imerode 函数进行腐蚀运算。

eroded_img=imerode(binary_img, se)

参数说明如下：

binary_img：输入的二值图像。

se：结构元素，可由 strel 函数生成。

eroded_img：腐蚀后的图像。

2. 膨胀运算

膨胀运算与腐蚀运算相反，它是对选中的区域进行"扩张"。集合 A 被集合 B 膨胀的结果，就是由所有满足条件的结构元素原点位置组成的集合，当结构元素 B 在映射并平移后，其与集合 A 的某些部分重叠，数学表达式为

$$A \oplus B = \{z \mid (\hat{B})_z \cap A \neq \varnothing\} \tag{6.2}$$

式中：$\varnothing$ 为空集；B 为结构元素。

膨胀运算的原理如图 6.6 所示，它能够填补图像内部的小孔及边缘处的小凹陷部分，同时能够平滑图像向外的尖角。经过膨胀处理后，图像的边缘区域通常会变得更加平滑，像素数量增加，原本不相连的区域可能会连接起来，但这些连接起来的区域仍然属于各自的区域。

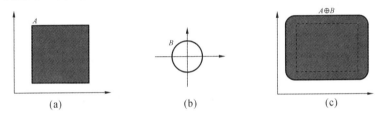

图 6.6　膨胀运算的原理

图 6.7 给出了一个膨胀运算的具体实例。图 6.7(a)是待处理的二值图像，图 6.7(b)是结构元素，而图 6.7(c)为经过膨胀处理后的图像。膨胀的过程是将图 6.7(b)的中心点和图 6.7(a) 中的点逐一对比，若结构元素上有一个点落在图 6.7(a)的范围内，则该点被标记为黑色。从图 6.7(c)可以看出，它包括原图 6.7(a)的全部区域，就好像图 6.7(a)膨胀了一圈。

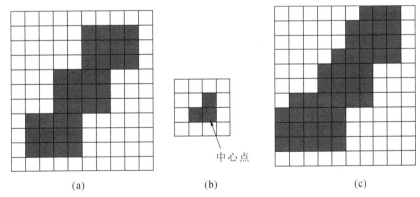

图 6.7　膨胀运算实例

在 MATLAB 中，可通过 imdilate 函数进行膨胀运算。

dilated_img=imdilate(binary_img, se)

参数说明如下：

binary_img:输入的二值图像。

se:结构元素,可由 strel 函数生成。

dilated_img:膨胀后的图像。

例 6.1 腐蚀与膨胀运算的实例。

解 完整程序如下:

```
I=imread('morph01.png');
I=rgb2gray(I);
binary_img=imbinarize(I);    %二值化图像

%生成不同形状的结构元素
se1=strel('disk', 5);
se2=strel('line', 10, 45);

%腐蚀运算
eroded_img=imerode(binary_img, se1);
%膨胀运算
dilated_img=imdilate(binary_img, se2);

subplot(2, 2, 1); imshow(I); title('原图');
subplot(2, 2, 2); imshow(binary_img); title('二值运算结果');
subplot(2, 2, 3); imshow(eroded_img); title('腐蚀运算结果');
subplot(2, 2, 4); imshow(dilated_img); title('膨胀运算结果');
```

程序执行结果如图 6.8 所示。经过腐蚀运算后,被选中的石子区域显著缩小,且原本相连的部分区域被分离。虽然相连的区域被分离,但是这些石子区域仍然属于同一个区域。相反,经过膨胀运算后,被选中的石子区域显著扩大,同时原本不相连的区域被合并。虽然不相连的区域相连,但是这些石子区域还是属于各自的区域。

6.2.2 开与闭运算

在图像的实际检测过程中,常常需要综合运用腐蚀和膨胀运算。将腐蚀与膨胀运算相结合,便构成了开运算和闭运算。

1. 开运算

开运算是首先对图像进行腐蚀操作,然后对图像进行膨胀操作。通过腐蚀运算能去除图像小的非关键区域,把离得很近的元素分离,并通过膨胀操作来填补因过度腐蚀而留下的空隙。此外,开运算还能去除一些孤立的细小点,使边缘变得平滑,同时保持原区域的面积基本不变。结构元素 B 对集合 A 的开运算,用数学符号定义为

$$A \circ B = (A \ominus B) \oplus B \tag{6.3}$$

开运算的原理如图 6.9 所示,将结构元素 B 看作一个转动的小球,$A \circ B$ 的边界由 B 中的点建立。当 B 在 A 的边界内侧滚动时,B 所能到达的 A 边界最远点的集合,即构成了开运算的区域。

在 MATLAB 中,可通过 imopen 函数对二值图像进行开运算操作。

```
bw_opened=imopen(binary_img, se)
```

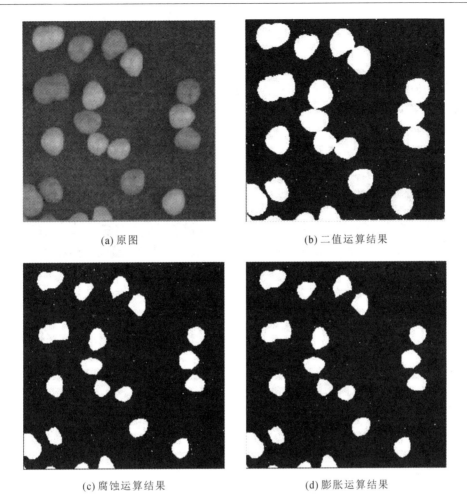

(a) 原图　　(b) 二值运算结果

(c) 腐蚀运算结果　　(d) 膨胀运算结果

图 6.8　程序执行结果 1

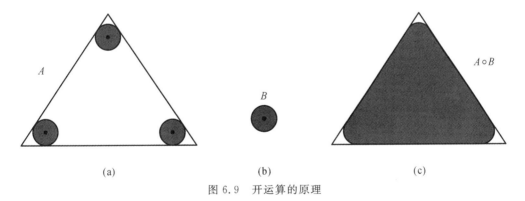

(a)　　(b)　　(c)

图 6.9　开运算的原理

参数说明如下：

binary_img：输入的二值图像。

se：结构元素，可由 strel 函数生成。

bw_opened：开运算后的图像。

2. 闭运算

闭运算是首先对图像进行膨胀操作，然后对图像进行腐蚀操作。这一过程使得区域内

的孔洞或外部孤立的点连接成一体,同时保持了区域的外观和面积基本不变,即可以填补图像的空隙,其数学表达式为

$$A \cdot B = (A \oplus B) \ominus B \tag{6.4}$$

闭运算的原理如图 6.10 所示,当结构元素 B 在 A 的边界外侧滚动时,B 中的点所能达到的最靠近 A 外边界的位置,便构成了闭运算的区域。

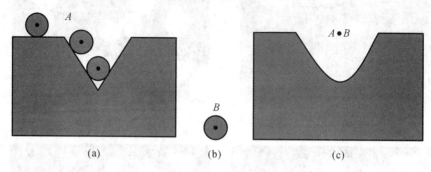

图 6.10 闭运算的原理

在 MATLAB 中,可通过 imclose 函数实现闭运算操作。
bw_closed=imclose(binary_img, se)
参数说明如下:
binary_img:输入的二值图像。
se:结构元素,可由 strel 函数生成。
bw_closed:闭运算后的图像。

例 6.2 开运算和闭运算操作的实例。

解 完整程序如下:
img=imread('morph01.png');
img=rgb2gray(img);
bw=imbinarize(img); %二值化图像

%定义结构元素
se=strel('disk', 5); %以半径为 5 的圆形为结构元素

%开运算操作
bw_opened=imopen(bw, se);
%闭运算操作
bw_closed=imclose(bw, se);

subplot(2,2,1); imshow(img); title('原图');
subplot(2,2,2); imshow(bw); title('二值运算结果');
subplot(2,2,3); imshow(bw_opened); title('开运算结果');
subplot(2,2,4); imshow(bw_closed); title('闭运算结果');

程序执行结果如图 6.11 所示。经过开运算处理后,可以将杂点去除,从而使图像更加清晰。经过闭运算处理后,图像中的空白区域已经被填补。

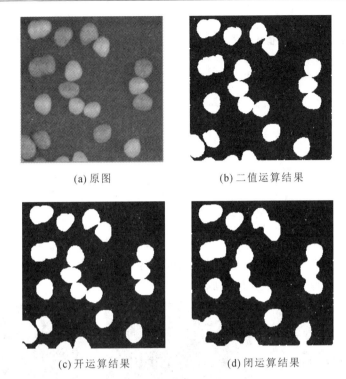

(a) 原图　　　　　　　　(b) 二值运算结果

(c) 开运算结果　　　　　　(d) 闭运算结果

图 6.11　程序执行结果 2

6.2.3　顶帽与底帽运算

顶帽运算和底帽运算是在开运算与闭运算的基础上，用于处理图像中出现的各种杂点、孔洞、小间隙以及毛糙边缘等问题。

顶帽运算通过从原始二值图像中减去开运算后的图像来实现，而开运算本身是为了滤除图像中的某些局部像素。因此，顶帽运算能够有效地提取在开运算过程中被滤除的像素，其表达式为

$$T_t(f) = f - (f \circ g) \tag{6.5}$$

底帽运算是在原始二值图像的闭运算基础上减去原图像，可以提取填补空白的区域，其表达式为

$$T_b(f) = (f \bullet g) - f \tag{6.6}$$

在 MATLAB 中，可分别通过 imtophat 函数和 imbothat 函数进行顶帽与底帽运算。

tophat_img=imtophat(binary_img, se)

bothat_img=imbothat(binary_img, se)

参数说明如下：

binary_img：输入的二值图像。

se：结构元素，可由 strel 函数生成。

tophat_img：顶帽运算后的图像。

bothat_img：底帽运算后的图像。

例 6.3　顶帽运算和底帽运算操作实例。

解　完整程序如下：

```
img=imread('morph01.png');
```

```
img=rgb2gray(img);
bw=imbinarize(img); %二值化图像

se=strel('disk', 10); %定义结构元素

%顶帽运算
tophat_img=imtophat(bw, se);
%底帽运算
bothat_img=imbothat(bw, se);

subplot(1,3,1);imshow(img);title('原图');
subplot(1,3,2);imshow(tophat_img);title('顶帽运算结果');
subplot(1,3,3);imshow(bothat_img);title('底帽运算结果');
```

程序执行结果如图 6.12 所示。顶帽运算可以提取开运算滤除掉的像素。底帽运算用于填补空白区域的图像(已经被提取完成)。

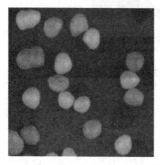  

(a) 原图　　　　　　　　(b) 顶帽运算结果　　　　　　(c) 底帽运算结果

图 6.12　程序执行结果 3

6.2.4　击中击不中运算

击中击不中运算是形状检测的一个基本工具,对识别孤立的前景或者线段的端点是非常有效的。A 被 B 击中击不中运算的定义为

$$A \otimes B = (A \ominus B_1) \bigcap (A^c \ominus B_2) \tag{6.7}$$

式中:结构元素 $B=(B_1, B_2)$ 由两个结构元素组成,B_1 用于击中(要检测的形状),B_2 用于击不中(背景),且满足 $B=B_1 \bigcap B_2, B_1 \bigcup B_2 = \varnothing$。结构元素击中部分必须在区域内部,结构元素击不中部分必须在区域外。

在 MATLAB 中,可通过 bwhitmiss 函数进行击中击不中运算。
hm_img=bwhitmiss(binary_img, se1, se2)
参数说明如下:
binary_img:输入的二值图像。
se1,se2:两个结构元素,可由 strel 函数生成。
hm_img:击中击不中运算后的图像。

例 6.4　击中击不中运算操作实例。

解　完整程序如下:
```
img=imread('morph01.png');
```

```
img=rgb2gray(img);
thresh=graythresh(img);
img=imbinarize(img,thresh);
B1=strel([0 0 0; 0 1 1; 0 1 0]);
B2=strel([1 1 1; 1 0 0; 1 0 0]);
hm_img=bwhitmiss(img,B1,B2);

subplot(1,2,1); imshow(img); title('原图');
subplot(1,2,2); imshow(hm_img); title('击中击不中运算结果');
```

程序执行结果如图 6.13 所示。

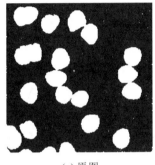

(a) 原图　　　　　　　　(b) 击中击不中运算结果

图 6.13　程序执行结果 4

此外，MATLAB 还提供了 bwmorph 函数进行二值图像的形态学运算。

bw_img＝bwmorph(binary_img, operation, se)

参数说明如下：

binary_img：输入的二值图像。

operation：指定的形态学处理类型，包括顶帽运算、底帽运算、开运算、闭运算。

se：结构元素，可由 strel 函数生成。

bw_img：形态学运算后的图像。

6.3　灰度图像的形态学运算

在处理二值图像时，形态学运算的输入是经过阈值处理的二值图像区域，其目的是改变这些区域的形状。对于灰度图像，形态学运算则作用于灰度图像本身，通过改变像素的灰度值来实现，这通常表现为图像上亮(或暗)区域的变化。

6.3.1　腐蚀与膨胀运算

1. 腐蚀运算

与二值图像腐蚀类似，灰度图像腐蚀运算是将图像中每个像素点的灰度值设定为其局部邻域内灰度的最小值。这一过程导致图像整体灰度值减小，使得图像中原本较暗的区域变得更加暗，同时较小的亮区域被削弱，从而实现了收缩前景区域并扩展背景的效果。

设 $f(x,y)$ 是输入函数，$b(x,y)$ 是结构元素，利用结构元素 b 对 f 进行腐蚀，是通过选取

由 b 确定的邻域内图像值与结构元素值的差的最小值来完成的，表达式为

$$(f\ominus b)(x,y) = \min\{f(x+x',y+y') - b(x',y') \mid (x+x',y+y') \in D_f; (x',y') \in D_b\} \tag{6.8}$$

式中：D_f 和 D_b 分别是 f 和 b 的定义域。

灰度图像腐蚀操作是在由结构元素定义的邻域内选取 $f-b$ 的最小值。因此，对灰度图像的腐蚀处理通常会产生两种结果：①若所有结构元素均为正值，则输出图像将比输入图像更暗；②在小于结构元素尺寸的明亮细节区域，经腐蚀处理后，这些细节的清晰度会减弱，减弱的程度取决于周围亮度区域的灰度值以及结构元素的形状和幅度。

与二值图像的腐蚀不同，灰度图像的腐蚀过程是将函数 f 进行平移，而非平移结构元素 b。灰度图像腐蚀的原理如图 6.14 所示。

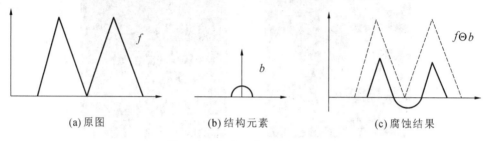

(a) 原图　　　　　　(b) 结构元素　　　　　　(c) 腐蚀结果

图 6.14　灰度图像的腐蚀原理

在 MATLAB 中，与二值图像腐蚀操作类似，采用 imerode 函数进行灰度腐蚀操作，不同之处在于输入的图像为灰度图像。

2. 膨胀运算

膨胀运算是将图像中的每个像素点的灰度值替换为其周围局部邻域内的最大值。通过这种处理，图像整体亮度（灰度值）会提升，亮区域得到扩展，而较暗的小区域则可能会消失。结构元素 b 对原图像 f 进行膨胀运算时，是通过选取由结构元素 b 定义的邻域内所有像素值与结构元素值之和的最大值来完成的，其数学表达式为

$$(f\oplus b)(x,y) = \max\{f(x-x',y-y') + b(x',y') \mid (x-x',y-y') \in D_f; (x',y') \in D_b\} \tag{6.9}$$

式中：D_f 和 D_b 分别是 f 和 b 的定义域。

灰度图像膨胀操作是在由结构元素定义的邻域内选取 $f+b$ 的最大值。因此，对灰度图像进行膨胀处理通常会产生两种结果：①若所有的结构元素都为正值，则输出图像将比输入图像更亮；②黑色细节的减少或消除取决于膨胀操作中结构元素的值和形状。灰度图像膨胀的原理如图 6.15 所示。

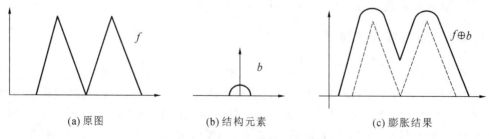

(a) 原图　　　　　　(b) 结构元素　　　　　　(c) 膨胀结果

图 6.15　灰度图像膨胀的原理

在 MATLAB 中，与二值图像膨胀操作类似，采用 imdilate 函数进行灰度膨胀操作，不同之处在于输入的图像为灰度图像。

例 6.5 进行灰度腐蚀和膨胀操作的实例。

解 完整程序如下：
```
img=imread('morph01.png');
img_gray=rgb2gray(img);

se_rectangle=strel('rectangle',[5 5]);
%灰度腐蚀
eroded_img=imerode(img_gray, se_rectangle);
%灰度膨胀
dilated_img=imdilate(img_gray, se_rectangle);

subplot(1,3,1);imshow(img_gray);title('原图');
subplot(1,3,2);imshow(eroded_img);title('腐蚀运算结果');
subplot(1,3,3);imshow(dilated_img);title('膨胀运算结果');
```

程序执行结果如图 6.16 所示。经过腐蚀运算后，图像中的局部图像收缩，进而使得图像整体变暗。相对地，经过膨胀运算后，图像中局部区域被扩大，图像整体变亮。

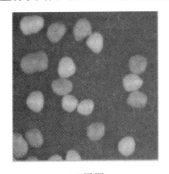 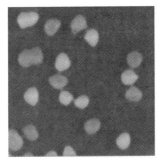 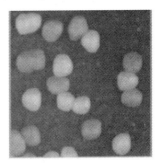

(a) 原图　　　　　　　　(b) 腐蚀运算结果　　　　　　　(c) 膨胀运算结果

图 6.16　程序执行结果 5

6.3.2　开与闭运算

灰度图像的开运算和闭运算与二值图像的处理方式相似。通过结构元素 b 对灰度图像 f 进行开运算，具体操作是先对图像进行腐蚀处理，随后进行膨胀处理。其数学表达式为

$$f \circ b = (f \ominus b) \oplus b \tag{6.10}$$

图 6.17 给出了结构元素 b 对信号 f 进行开运算的过程。可以看出，开运算可以滤掉信号向上的小噪声，且保持信号的基本形状不变。

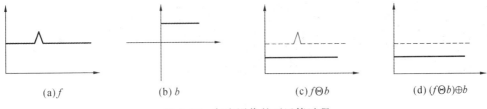

(a) f　　　　　　(b) b　　　　　　(c) $f\ominus b$　　　　　　(d) $(f\ominus b)\oplus b$

图 6.17　灰度图像的开运算过程

灰度图像闭运算是使用结构元素 b 对灰度图像 f 进行闭运算处理,即先对图像进行膨胀操作,随后执行腐蚀操作,其数学表达式为

$$f \cdot b = (f \oplus b) \ominus b \tag{6.11}$$

图 6.18 给出了结构元素 b 对图像 f 进行闭运算的过程。可以看出,闭运算可以滤掉图像中向下的小噪声,且保持信号的基本形状不变。

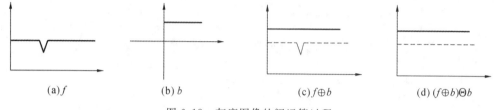

(a) f　　　　(b) b　　　　(c) $f \oplus b$　　　　(d) $(f \oplus b) \ominus b$

图 6.18　灰度图像的闭运算过程

在 MATLAB 中,与二值图像开与闭运算操作类似,采用 imopen 函数与 imclose 函数分别进行灰度图像开与闭运算操作,不同之处在于输入的图像为灰度图像。

例 6.6　进行灰度开与闭运算操作实例。

解　完整程序如下：

```
img=imread('morph01.png');
img_gray=rgb2gray(img);

%定义结构元素
se_polygon=strel('octagon', 9);
se_rectangle=strel('rectangle', [5 5]);
%灰度图像开运算
opened_img=imopen(img_gray, se_rectangle);
%灰度图像闭运算
closed_img=imclose(img_gray, se_polygon);

subplot(1,3,1);imshow(img_gray);title('原图');
subplot(1,3,2);imshow(opened_img);title('开运算结果');
subplot(1,3,3);imshow(closed_img);title('闭运算结果');
```

程序执行结果如图 6.19 所示。经过开运算后,图像中较亮的小细节被消除,石子的背景图像被暗区域所覆盖。经过闭运算后,灰度图像中较暗的点消失,非常接近的区域被连接在一起。

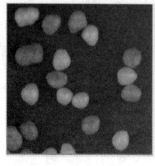 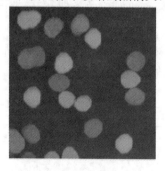 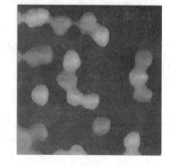

(a) 原图　　　　(b) 开运算结果　　　　(c) 闭运算结果

图 6.19　程序执行结果 6

6.3.3 顶帽与底帽运算

正如二值图像的顶帽和底帽运算操作,灰度图像 f 的顶帽运算是通过在原始灰度图像中减去开运算的结果来实现的,其表达式与式(6.5)相同。相对地,灰度图像 f 的底帽运算则是从其闭运算结果中减去原始图像,其表达式与式(6.6)相同。

在 MATLAB 中,与二值图像顶帽与底帽运算操作类似,采用 imtophat 函数和 imbothat 函数分别进行顶帽与底帽运算,不同之处在于输入的图像为灰度图像。

例 6.7 灰度顶帽与底帽运算操作实例。

解 完整程序如下:

```
img=imread('morph01.png');
img_gray=rgb2gray(img);

%定义结构元素
se=strel('disk', 15);
%灰度图像顶帽运算
tophat_img=imtophat(img_gray, se);
%灰度图像底帽运算
bothat_img=imbothat(img_gray, se);

subplot(1,3,1);imshow(img_gray);title('原图');
subplot(1,3,2);imshow(tophat_img);title('顶帽运算结果');
subplot(1,3,3);imshow(bothat_img);title('底帽运算结果');
```

程序执行结果如图 6.20 所示。灰度图像顶帽运算仅保留了图像中高亮的区域,而将较暗的部分以及后面较亮的背景去除。灰度图像底帽运算提取了图像中较为明亮的部分,通过从原图中减去闭运算的结果,从而凸显了较暗区域的细节。

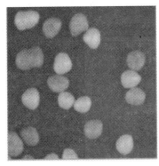 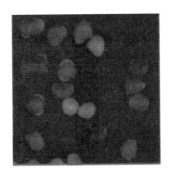 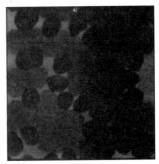

(a) 原图　　　　　　　(b) 顶帽运算结果　　　　　　(c) 底帽运算结果

图 6.20　程序执行结果 7

6.4　二值图像的形态学应用

在处理二值图像的过程中,形态学运算能够有效地提取出用于表征和描述形状的图像成分,尤其是提取边界、连通分量、凸壳以及区域的骨架等。

6.4.1 边界提取

在二值图像中提取物体边界时,可以通过删除物体内部的点(即将其设置为背景色)来实现。在逐行扫描原图像的过程中,若遇到一个黑点且其 8 邻域均为黑点,则该点被视为内部点。对于这些内部点,应在目标图像中将其移除,仅保留那些 8 邻域均为黑点的点。这一过程相当于使用 3×3 的结构元素对原图像执行腐蚀操作,随后用原图像减去经过腐蚀处理的图像,从而移除内部点,仅留下物体的边界。

设 B 为一个合适的结构元素,提取集合 A 的边界 $\beta(A)$ 可表示为

$$\beta(A) = A - (A\ominus B) \tag{6.12}$$

图 6.21 展示了一个简单的提取二值图像边界的过程。3×3 结构元素是常用的一种,但不是唯一的。

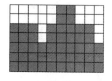 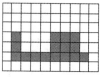 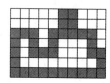

(a)集合A　　(b) 腐蚀的结构元素B　　(c) A被B腐蚀　　(d) 用A减去(c)中腐蚀的图像

图 6.21　边界提取过程

在 MATLAB 中,可使用 bwperim 函数来提取二值图像中区域的边界。

boundary=bwperim(img_binary)

boundary2=bwperim(img_binary, conn_type)

参数说明如下:

img_binary:输入的二值图像。

conn_type:可选参数,指定像素的连通性,取值为 4(4 连通)或 8(8 连通,默认值)。

boundary 与 boundary2:输出的二值图像,与 img_binary 大小相同,边界像素被标记为 1,其他像素为 0。

例 6.8　对图像进行边界提取操作。

解　完整程序如下:

img=imread('banana.png');

img_gray=rgb2gray(img);

img_gray(img_gray<225)=0;

img_binary=imbinarize(img_gray);

%提取边界

boundary=bwperim(img_binary);

figure;

subplot(1,2,1);imshow(img_binary);title('二值运算结果');

subplot(1,2,2);imshow(boundary);title('边界提取结果');

程序执行结果如图 6.22 所示。

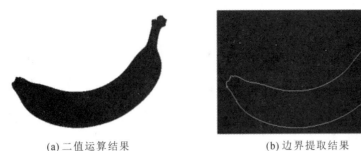

(a) 二值运算结果　　　　　　　(b) 边界提取结果

图 6.22　程序执行结果 8

6.4.2　孔洞填充

孔洞可被定义为由前景像素相连接的边界所包围的一个背景区域。设集合 A 表示包含一个子集,其中子集的元素是 8 连通的边界。每个边界包围一个背景区域(即孔洞),给定孔洞中的一个点,然后从该点开始填充整个边界包围的区域,其表达式为

$$X_k = (X_{k-1} \oplus B) \cap A^c, \quad k = 1, 2, \cdots \tag{6.13}$$

式中:B 是结构元素,当 k 迭代到 $X_k = X_{k-1}$ 时,算法结束。

X_k 和 A 的并集包含了所有填充的孔洞及这些孔洞的边界。若式(6.13)不加限制,则膨胀过程将一直进行,它将填充整个区域,然而每一步中与 A_c 的交集把结果限制在感兴趣区域内,过程如图 6.23 所示。

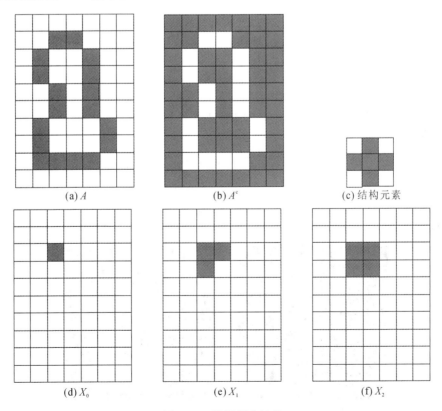

(a) A　　　　　　(b) A^c　　　　　(c) 结构元素

(d) X_0　　　　　(e) X_1　　　　　(f) X_2

图 6.23　孔洞填充过程

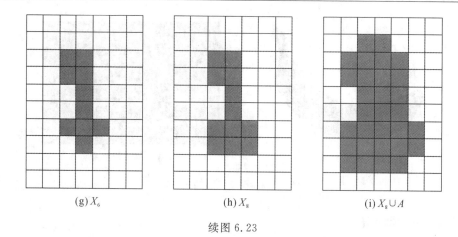

(g) X_6 (h) X_8 (i) $X_8 \cup A$

续图 6.23

在 MATLAB 中,使用 imfill 函数进行图像的孔洞填充、背景填充等操作。

img_filled=imfill(img_binary, 'holes')

参数说明如下:

img_binary:输入的二值图像。

'holes':指定填充操作为孔洞填充。

img_filled:输出的二值图像,孔洞被填充。

例 6.9 对图像进行孔洞填充操作。

解 完整程序如下:

```
img=imread('hole1.png');
%转换为灰度图像
img_gray=rgb2gray(img);
%二值化图像
threshold=graythresh(img_gray);
img_binary=imbinarize(img_gray, threshold);
%进行孔洞填充
img_filled=imfill(img_binary, 'holes');

subplot(1,2,1);imshow(img_binary);title('二值运算结果');
subplot(1,2,2);imshow(img_filled);title('孔洞填充结果');
```

程序执行结果如图 6.24 所示。

(a) 二值运算结果   (b) 孔洞填充结果

图 6.24　程序执行结果 9

6.4.3 骨架运算

骨架是指一幅图像的骨骼部分,它描述物体的几何形状和拓扑结构。骨架运算的过程一般称为"细化"或"骨架化"。骨架运算是通过选定合适的结构元素 B,对图像 A 进行连续腐蚀和开运算。图像 A 的骨架 $S(A)$ 的表达式为

$$S(A) = \bigcup_{k=0}^{K} S_k(A) \quad (6.14)$$

$$S_k(A) = (A \Theta kB) - (A \Theta kB) \circ B \quad (6.15)$$

式中:$S(A)$ 是 A 的第 n 个骨架子集,K 是 $A \Theta kB$ 运算过程中将 A 腐蚀成空集前的最后一个迭代次数(最大值),即

$$K = \max\{n \mid (A \Theta kB) \neq \varnothing\} \quad (6.16)$$

$A \Theta kB$ 表示连续 k 次用 B 对 A 进行腐蚀,即

$$(A \Theta kB) = ((\cdots(A \Theta B) \Theta B) \Theta \cdots) \Theta B \quad (6.17)$$

在 MATLAB 中,使用 bwmorph 函数可以对二值图像执行多种形态学操作,如膨胀、腐蚀、开运算、闭运算、骨架运算、细化、粗化、孔洞填充、断点连接等。

img_bw = bwmorph(img_binary, operation, num)

参数说明如下:

img_binary:输入的二值图像。

operation:指定要执行的形态学操作,可以是以下字符串。

"bothat":底帽操作,返回原图,减去形态学闭操作后的图像。

"branchpoints":检测骨架的分支点。

"bridge":连接断开的像素。

"clean":移除孤立像素(被 0 包围的 1)。

"close":形态学闭操作(先膨胀后腐蚀)。

"diag":对角线填充,消除背景的 8 连通。

"dilate":膨胀操作。

"erode":腐蚀操作。

"fill":填充孤立的内部像素(被 1 包围的 0)。

"hbreak":移除 H 连通的像素。

"majority":如果 3×3 邻域中有 5 个或更多像素为 1,则将中心像素置为 1。

"open":形态学开操作(先腐蚀后膨胀)。

"remove":移除内部像素,仅保留边界像素。

"shrink":缩小对象至点。

"skel":骨架化。

"spur":移除毛刺像素。

"thicken":增厚对象。

"thin":细化对象。

"tophat":顶帽操作,返回原图,减去形态学开操作后的图像。

num:可选参数,指定操作的迭代次数。可以是有限整数或 Inf(表示重复操作直到图像

不再变化)。

img_bw:输出的二值图像,经过形态学操作后的结果。

例 6.10 骨架运算操作的实例。

解 完整程序如下:

```
img=imread('dog.png');
img_gray=rgb2gray(img);
threshold=graythresh(img_gray);
img_binary=imbinarize(img_gray, threshold);

%骨架运算
img_bw_skeleton=bwmorph(img_binary, 'skel', Inf);

subplot(1,2,1);imshow(img_binary);title('二值运算结果');
subplot(1,2,2);imshow(img_bw_skeleton);title('骨架运算结果');
```

程序执行结果如图 6.25 所示。

 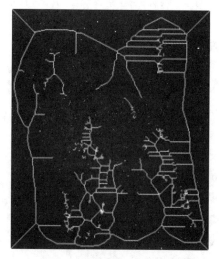

(a) 二值运算结果　　　　　　(b) 骨架运算结果

图 6.25　程序执行结果 10

习　题

6.1　数学形态学具有哪些用途?

6.2　采用一个半径为 0.5 cm 的圆形作为结构元素,对半径为 2 cm 的圆进行腐蚀和膨胀运算,分析其结果。

6.3　根据二值图像腐蚀运算的原理,给出实现腐蚀运算的完整程序。

6.4　根据二值图像膨胀运算的原理,给出实现膨胀运算的完整程序。

6.5　集合 A 和结构元素 S 的形状如图 6.26 所示,求用 S 对 A 进行腐蚀运算的结果。

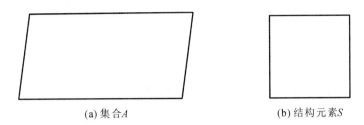

(a) 集合A　　　　　　　(b) 结构元素S

图 6.26　集合 A 和结构元素 S 的形状

6.6　图像形态学的基本运算(腐蚀、膨胀、开和闭运算)各有何性质？试比较其异同。

6.7　试编写一个程序,实现二值图像的腐蚀、膨胀及开、闭运算。

6.8　试编写一个程序,实现灰度图像的腐蚀、膨胀运算。

6.9　什么是图像的骨架？请简述骨架运算的基本原理。

第7章 图像模板匹配

程序资源包

前面章节的图像处理算法可以实现在一张图像中识别目标物体。然而,对于某些特殊的物体而言,涉及一个稳定可靠的识别算法是十分复杂的。此外,如果目标物体的特征经常发生变化,可能需要开发新的算法来适应这些变化。因此,采用图像模板匹配寻找目标物体,可以显著降低计算量。本章将介绍几种常用的图像模板匹配算法。

7.1 图像模板匹配概述

图像模板匹配是指通过分析模板图像与目标图像在灰度、边缘、外形结构以及对应关系等特征方面的相似性和一致性,从目标图像中寻找与模板图像相同或相似区域的过程。以图 7.1 为例,希望在较大的图像"Lena"中寻找位于左上角的"眼睛"图像。在这种情况下,"Lena"图像作为输入图像,"眼睛"图像则作为模板图像。匹配过程是通过将模板图像在输入图像上从左上角开始滑动,逐个像素遍历整个输入图像,以寻找与模板图像最匹配的部分。

图 7.1 模板匹配实例

图像模板匹配过程通常包括学习、匹配两个阶段。学习阶段的任务是创建模板,即从模板图像中提取特征信息用于图像匹配,并将它们以便于搜索的方式存放在模板图像中以备后用。匹配阶段的任务是在目标图像中寻找与模板图像最为相似的部分。图像匹配过程一般以模板图像和被测的目标图像作为输入,输出匹配目标的数量、位置、相对于模板的角度和缩放比例,以及用分值表示的与模板图像之间的相似程度。

7.2 基于图像灰度值的模板匹配

基于图像灰度值的模板匹配是最早被提出的经典匹配算法之一。该算法的核心思想是利用像素的灰度值或灰度梯度信息作为特征,通过计算模板图像与目标图像区域之间的像素灰度差值的绝对值总和或平方差总和来进行匹配。常见的基于灰度值的模板匹配包括平均绝对差(MAD)算法、绝对误差和(SAD)算法、误差平方和(SSD)算法、平均误差平方和(MSD)算法、归一化积相关(NCC)算法、序贯相似性检测算法(SSDA)以及 Hadamard 变换算法(SATD)。

7.2.1 模板匹配的原理

如图 7.2 所示,设 S 是 $m \times n$ 的搜索图像,T 是 $M \times N$ 的模板图像。该算法的基本思路是在搜索图像 S 中,以 (i,j) 为左上角,取 $M \times N$ 的子图(灰色区域),计算其与模板图像的灰度值的相似度;遍历整个搜索图像 S,在所有能找到的子图中,找到与模板图像最相似的子图作为最终匹配结果。计算子图与模板图像相似度的公式有

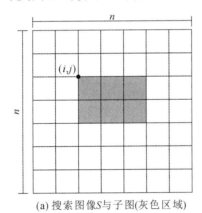
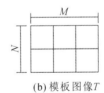

(a) 搜索图像S与子图(灰色区域)　　(b) 模板图像T

图 7.2　基于图像灰度值的模板匹配原理图

平均绝对差:
$$D_{\text{MAD}}(i,j) = \frac{1}{M \times N} \sum_{s=1}^{M} \sum_{t=1}^{N} | S(i+s-1, j+t-1) - T(s,t) | \tag{7.1}$$

绝对误差和:
$$D_{\text{SAD}}(i,j) = \sum_{s=1}^{M} \sum_{t=1}^{N} | S(i+s-1, j+t-1) - T(s,t) | \tag{7.2}$$

误差平方和:
$$D_{\text{SSD}}(i,j) = \sum_{s=1}^{M} \sum_{t=1}^{N} [S(i+s-1, j+t-1) - T(s,t)]^2 \tag{7.3}$$

平均误差平方和:
$$D_{\text{MSD}}(i,j) = \frac{1}{M \times N} \sum_{s=1}^{M} \sum_{t=1}^{N} [S(i+s-1, j+t-1) - T(s,t)]^2 \tag{7.4}$$

式中:$1 \leqslant i \leqslant m-M+1, 1 \leqslant j \leqslant n-N+1$。

$D_{MAD}(i,j)$、$D_{SAD}(i,j)$、$D_{SSD}(i,j)$、$D_{MSD}(i,j)$越小,表明子图与模板图像越相似。平均绝对差算法匹配精度高、运算量较大、对噪声非常敏感。

基于灰度值的模板匹配适用于图像内灰度变化相对稳定、噪声较少,且具有明显的灰度差异的检测目标。然而,这种方法并不被广泛推荐,原因在于其处理复杂度较高,一次仅能识别单一目标,并且对光照条件和尺寸变化极为敏感。

例 7.1 利用灰度值的计算进行模板匹配的实例。

完整的程序如下:

```
%读取搜索图像与模板图像
img=imread('robot_head.jpg');
img=rgb2gray(img);
[m,n]=size(img);

mask=imread('robot_head_mask.jpg');
mask=rgb2gray(mask);
[M,N]=size(mask);

%子图与模板图的相似度计算
dst=zeros(m-M+1,n-N+1);
for i=1:m-M+1    %子图选取,每次滑动一个像素
    for j=1:n-N+1
        temp=img(i:i+M-1,j:j+N-1);    %当前子图
        dst(i,j)=dst(i,j)+sum(sum(abs(temp-mask)));    %绝对误差和(SAD)算法
    end
end
abs_min=min(min(dst));
[x,y]=find(dst==abs_min);

subplot(1,2,1); imshow(mask);
subplot(1,2,2); imshow(img); hold on;
rectangle('position',[y,x,N,M],'edgecolor','r');
```

执行完上述程序后的结果如图 7.3 所示。可以看出,利用基于灰度值的模板匹配的绝对误差和算法,可以找到与模板图像最相似的子图。

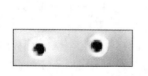

(a) 模板图　　　　　(b) 搜索图与匹配结果

图 7.3　基于灰度值的模板匹配

7.2.2 基于灰度相关性的模板匹配的算法

在基于图像灰度值的模板匹配算法中,基于灰度相关性的模板匹配,通过计算模板图像与搜索图像区域之间的归一化互相关系数来识别匹配区域,这种方法可以直接应用于在单一图像中寻找特定的子图。两个代表性的算法包括归一化积相关(NCC)算法、序贯相似性检测算法(SSDA)。

1. 归一化积相关(NCC)算法

假设搜索图像 f 的大小为 $m \times n$,模板图像 w 的大小为 $M \times N$,则 f 与 w 的相关性可表示为

$$c(i,j) = \sum_{s=0}^{M} \sum_{t=0}^{N} w(s,t) f(i+s, j+t) \tag{7.5}$$

式中:$i=1,\cdots,m-M+1, j=1,\cdots,n-N+1$。

计算相关性 $c(i,j)$ 的过程是在搜索图像 f 中逐点移动模板图像 w,使得模板图像 w 的原点和搜索图像中的每个点 (i,j) 重合。然后,计算 w 与 f 中被模板图像 w 覆盖的图像区域中对应像素灰度值的乘积之和,以此计算结果作为相关图像 $c(i,j)$ 在 (i,j) 点的响应。实际上,当 w 遍历完整个搜索图像 f 后,最大的响应点即为最佳匹配的左上角点坐标值。此时,通过设定一个阈值,可以认为所有大于该阈值的点均是潜在的匹配位置。

经归一化积处理后,匹配相关系数 $r(i,j)$ 的计算公式为

$$r(i,j) = \frac{\sum_{s=0}^{M} \sum_{t=0}^{N} w(s,t) f(i+s, j+t)}{\sqrt{\sum_{s=0}^{M} \sum_{t=0}^{N} w^2(s,t)} \sqrt{\sum_{s=0}^{M} \sum_{t=0}^{N} f^2(i+s, j+t)}} \tag{7.6}$$

比较模板图像和搜索图像在各个位置的相关系数,相关系数最大的点就是最佳匹配位置。当模板和子图一样时,相关系数 $r(i,j)=1$。

图像的归一化积相关算法的实现步骤如下:

(1) 获取待匹配(搜索)图像和模板图像数据的存储地址,以及高度和宽度信息;

(2) 创建一个目标图像指针,并分配内存,用于存放匹配完成后的图像,将待匹配的图像复制到目标图像内存区域中;

(3) 遍历待匹配图像中像素点所对应的子图,根据式(7.6)计算每一个像素点位置子图与模板图像的归一化积相关系数 $r(i,j)$,然后从待匹配图像中找到 $r(i,j)$ 取最大值的位置,并记录该像素点的位置;

(4) 为了区分目标图像与待匹配图像,将目标图像中所有像素值减半,把模板图像复制到目标图像在步骤(3)中记录的像素点位置。

2. 序贯相似性检测算法(SSDA)

归一化积相关算法在图像匹配过程中,当搜索窗口在原图像上滑动时,每次滑动都需要执行一次匹配相关运算,这使得图像匹配的计算量变得庞大。除匹配点外,在非匹配点上进行的计算实际上是无效的,这增加了图像匹配算法的计算负担。因此,一旦确定模板所在的位置不是匹配点,就会丢弃进一步计算,并迅速转移到新的参考点继续计算,这种方法可以显著加快匹配速度。

序贯相似性检测算法(SSDA)在原图像的每个位置上以随机且不重复的顺序选择像

元,并累计模板和待匹配图像在该像元的灰度差。若累计值超过了预设的阈值,则表明当前位置不是匹配位置,算法将停止当前计算,并转向下一个位置进行测试,直至找到最佳匹配位置。SSDA 的判断阈值可以根据匹配运算的进展进行动态调整,从而反映出当前匹配运算是否有可能产生超出预定阈值的结果。这种机制允许算法在每次匹配运算中实时判断是否有必要继续进行。SSDA 能够迅速排除不匹配点,减少在这些点上的计算量,从而提升匹配效率,且该算法结构简单,易于实现。以下是 SSDA 匹配过程的详细步骤。

(1) 设 S 是 $m \times n$ 的搜索图像,T 是 $M \times N$ 的模板图像,$S_{i,j}$ 是搜索图像的一个子图,左上角起始位置为 (i,j),定义绝对误差:

$$\varepsilon(i,j,s,t) = | S_{i,j}(s,t) - \overline{S}_{i,j} - T(s,t) + \overline{T} | \quad (7.7)$$

式中,$\overline{S}_{i,j} = E(S_{i,j}) = \frac{1}{M \times N} \sum_{s=1}^{M} \sum_{t=1}^{N} S_{i,j}(s,t)$ 是子图灰度值的均值,$\overline{T} = E(T) = \frac{1}{M \times N} \sum_{s=1}^{M} \sum_{t=1}^{N} T(s,t)$ 为模板图灰度值的均值。实际上,绝对误差是指子图与模板图像的灰度值各自减去其灰度值的均值后,对应位置差值的绝对值。

(2) 设定阈值 T_h。

(3) 在模板图像 T 中随机选取不重复的像素点,计算与当前子图的绝对误差 ε,将误差进行累加,当误差累加值超过 T_h 时,记录累加次数 H,所有子图的累加次数 H 用一个表 $I(i,j)$ 来表示。SSDA 检测定义为

$$I(i,j) = \left\{ H \mid \min_{1 \leq H \leq M \times N} \left[\sum_{h=1}^{H} \varepsilon(i,j,s,t) \cdots T_h \right] \right\} \quad (7.8)$$

(4) 在计算过程中,随机点的累加误差和超过了阈值 T_h 后,则放弃当前子图,转而对下一个子图进行计算。遍历完所有子图后,选取 $I(i,j)$ 最大值所对应的子图作为匹配图像。应注意,若 $I(i,j)$ 存在多个最大值(一般不存在),则取累加误差最小的作为匹配图像。

与归一化积相关算法类似,序贯相似性检测算法的实现步骤如下:

(1) 获取待匹配(搜索)图像和模板图像的数据地址,以及存储的高度和宽度信息;

(2) 创建一个目标图像指针,并为其分配内存空间,用于存储图像匹配后的图像,然后将待匹配图像复制到目标图像中;

(3) 遍历待匹配图像中的像素点所对应的子图,根据式(7.7)求出每一个像素点位置子图与模板图像的绝对误差值 ε,当累加绝对误差值超过阈值时,停止累加,记录像素点的位置和累加次数;

(4) 循环步骤(3),直到处理完待匹配图像的全部像素点,累加次数最少的像素点为最佳匹配点;

(5) 将目标图像所有像素值减半以便和待匹配图像有所区分,把模板图像复制到目标图像在步骤(4)记录的像素点位置。

在 MATLAB 中,可通过 normxcorr2 算子实现基于图像灰度值的模板匹配。

correlationMap=normxcorr2(mask,img)

详细参数说明如下。

mask:模板图像。

img:待匹配(搜索)图像。

例 7.2 利用图像灰度值进行模板匹配的实例。

完整的程序如下:

```
img=imread('visa-card.png');
grayImage=rgb2gray(img);
subplot(1,3,1); imshow(grayImage);

roi=drawrectangle;       %使用鼠标在图像上选择 ROI 矩形
roiPosition=roi.Position;
roiImage=imcrop(grayImage,roiPosition);
template=roiImage;       %创建模板
subplot(1,3,2); imshow(template);

correlationMap=normxcorr2(template,grayImage);    %使用 normxcorr2 函数进行模板匹配
[maxCorrValue,maxIndex]=max(abs(correlationMap(:)));
[yPeak,xPeak]=ind2sub(size(correlationMap),maxIndex(1));    %找到最大相关性的位置

subplot(1,3,3);imshow(img);
rectangle('Position',[xPeak-size(template,2)+1,yPeak-size(template,1)+1,size(template,2),size(template,1)],'EdgeColor','r','LineWidth',2);    %在原始图像上生成矩形框
clear template;    %清除模板
```

执行完上述程序后的结果如图 7.4 所示。可以看出,通过基于灰度值的模板匹配,可以将"VISA"字样识别出来。

(a)灰度处理后的图像　　　　(b)创建的模板图像　　　　(c)模板匹配后的图像

图 7.4　模板匹配的运算结果

7.3　基于图像特征的模板匹配

基于灰度值的模板匹配方法的主要缺点是计算量庞大,在需要快速匹配的场景中的应用受限。相比之下,基于图像特征的匹配方法通过利用数量远少于像素点的特征点,有效减轻了使用图像灰度信息进行匹配时的计算负担,显著降低了匹配过程中的计算量。此外,特征点的匹配度量值对位置变化具有较高的敏感性,这有助于提高匹配的精度。特征点的提取过程还能减少噪声干扰,并对灰度变化、图像变形以及遮挡等问题表现出良好的适应能力。

7.3.1　不变矩匹配法

特征匹配是指建立图像中特征点之间对应关系的过程。用数学语言可以描述为:图像 A 和 B 中分别包含 m 和 n 个特征点(通常 m 不等于 n),并且存在 k 个共有的特征点,则如

何确定两幅图像中 k 个相对应的特征点对,即为特征匹配要解决的问题。

在图像处理中,矩是一种重要的统计特性,它能够通过不同阶次的矩来计算模板的位置、方向和尺度变换参数。由于高阶矩对噪声和变形极为敏感,实际应用中往往采用低阶矩来完成图像匹配。矩的定义如下:

$$m_{pq} = \iint x^p y^q f(x,y) \mathrm{d}x \mathrm{d}y, \quad p,q = 0,1,2\cdots \quad (7.9)$$

式中: p、q 是非负整数,$p+q$ 称为矩的阶。

同样地,$n \times m$ 图像 $f(i,j)$ 的矩定义为

$$m_{pq} = \sum_{i=1}^{n} \sum_{j=1}^{m} i^p j^q f(i,j) \quad (7.10)$$

各矩的物理解释如下:

(1) 0 阶矩和 1 阶矩(区域形心位置)。0 阶矩 m_{00} 是图像灰度 $f(i,j)$ 的总和,规格化 1 阶矩 m_{10} 及 m_{01},可得到图像的重心坐标 $(\bar{i}, \bar{j})$ 为

$$\bar{i} = \frac{m_{10}}{m_{00}} = \frac{\sum_{i=1}^{n} \sum_{j=1}^{m} if(i,j)}{\sum_{i=1}^{n} \sum_{j=1}^{m} f(i,j)}, \quad \bar{j} = \frac{m_{01}}{m_{00}} = \frac{\sum_{i=1}^{n} \sum_{j=1}^{m} if(i,j)}{\sum_{i=1}^{n} \sum_{j=1}^{m} f(i,j)} \quad (7.11)$$

(2) 中心矩。中心矩是以重心作为原点进行计算:

$$\mu_{pq} = \sum_{i=1}^{n} \sum_{j=1}^{m} (i-\bar{i})^p (j-\bar{j})^q f(i,j) \quad (7.12)$$

中心矩具有位置无关性。中心矩 μ_{pq} 是一种能够反映区域中的灰度相对于灰度中心是如何分布的度量。利用中心矩可以提取区域的一些基本形状特征。例如,μ_{20} 和 μ_{02} 分别表示围绕通过灰度中心的垂直轴线和水平轴线的惯性矩。

(3) 不变矩。中心矩 μ_{pq} 对旋转敏感,为了使矩描述与大小、平移、旋转无关,可以使用二阶和三阶规格化中心矩导出 7 个不变矩:

$$\begin{cases} a_1 = \mu_{02} + \mu_{20} \\ a_2 = (\mu_{20} - \mu_{02})^2 + 4\mu_{11}^2 \\ a_3 = (\mu_{30} - 3\mu_{12})^2 + (3\mu_{21} - \mu_{03})^2 \\ a_4 = (\mu_{30} + \mu_{12})^2 + (\mu_{21} + \mu_{03})^2 \\ a_5 = (\mu_{30} - 3\mu_{12})(\mu_{30} + \mu_{12})[(\mu_{30} + \mu_{12})^2 - 3(\mu_{21} + \mu_{03})^2] + \\ \quad (3\mu_{21} - \mu_{03})(\mu_{21} + \mu_{03})[3(\mu_{30} + \mu_{12})^2 - (\mu_{21} + \mu_{03})^2] \\ a_6 = (\mu_{20} - \mu_{02})[(\mu_{30} + \mu_{12})^2 - (\mu_{21} + \mu_{03})^2] + 4\mu_{11}(\mu_{30} + \mu_{12})(\mu_{21} + \mu_{03}) \\ a_7 = (3\mu_{21} - \mu_{03})(\mu_{30} + \mu_{12})[(\mu_{30} + \mu_{12})^2 - 3(\mu_{21} + \mu_{03})^2] + \\ \quad (\mu_{30} - 3\mu_{12})(\mu_{21} + \mu_{03})[3(\mu_{30} + \mu_{12})^2 - (\mu_{21} + \mu_{03})^2] \end{cases} \quad (7.13)$$

通过归一化 η_{pq}、μ_{pq} 和 $a_1 \sim a_7$,可以实现尺度不变性。图像有 7 个特征矩不变量,这些不变量在比例因子小于 2 和旋转角度不超过 45°的条件下,对于平移、旋转和比例因子的变化都是不变的,从而反映了图像的固有特性。因此,两个图像之间的相似性程度可以通过这 7 个不变矩之间的相似性来描述,称为不变矩匹配算法,它不受几何失真的影响。

令图像的 7 个不变矩为 M_i、$M_j(i,j=1,2,\cdots,7)$,则两图之间的相似度可以用任一种相关算法来度量,计算公式为

$$R = \frac{\sum_{i=1}^{7}\sum_{j=1}^{7} M_i M_j}{\left[\sum_{i=1}^{7} M_i^2 \sum_{j=1}^{7} M_j^2\right]^{\frac{1}{2}}} \tag{7.14}$$

式中：R 是模板与原图像的不变矩的相关值，取 R 的最大值所对应的图像作为匹配图像。

7.3.2 距离变换匹配法

距离变换是一种常见的二值图像处理算法，用来计算图像中任意位置到最近边缘点的距离。对于两幅二值图像，其匹配误差度量准则为

$$P_m = \frac{\sum_{a \in A} g[T_B(a)] + \sum_{b \in B} g[T_A(b)]}{N_A + N_B} \tag{7.15}$$

式中：A、B 分别是两幅图像中灰度值为"1"的像素点的集合；a、b 分别为 A、B 中的任意点；N_A、N_B 分别为 A、B 中点的个数；$g(\ )$ 为加权函数，它在 z 轴的正半轴上是连续递增的。

利用这一准则，可以在多种成像条件下实现图像的匹配。首先，在参考图像中任意选取一个可能的匹配位置，截取一个与待匹配图像大小相同的图像块。接着，对这个图像块和待匹配图像进行边缘提取，并将其转换为二值图像。之后，利用上述准则计算两者的匹配误差 P_m。通过遍历参考图像中所有可能匹配的位置，找到误差最小的位置，即为最佳配准点。由于 $g(\ )$ 对各点的距离变换的值进行连续加权，即使在两张图像出现一定程度的几何失真或边缘变化时，匹配误差 P_m 也只会轻微增加，这并不影响正确匹配的判断。相比之下，传统的匹配方法在这种情况下可能会导致严重的误匹配。此外，由于边缘算子是局部算子，使用这种方法还能够抵抗灰度反转的影响。

7.3.3 最小均方误差匹配法

最小均方误差匹配法是通过解图像中对应特征点的变换方程来确定图像间的变换参数。具体操作是，以模板中的特征点构造矩阵 $\boldsymbol{X}$，以图像子图中的特征点构造矩阵 $\boldsymbol{Y}$，进而求解矩阵 $\boldsymbol{X}$ 到矩阵 $\boldsymbol{Y}$ 的变换矩阵。在这一过程中，均方误差最小的位置即为最佳匹配位置。对于图像间的仿射变换 $(x,y) \to (x',y')$，变换方程可表示为

$$\begin{pmatrix} x' \\ y' \end{pmatrix} = s \begin{pmatrix} \cos\theta & \sin\theta \\ -\sin\theta & \cos\theta \end{pmatrix} \begin{pmatrix} x \\ y \end{pmatrix} + \begin{pmatrix} t_x \\ t_y \end{pmatrix} = \begin{bmatrix} x & y & 1 & 0 \\ y & -x & 0 & 1 \end{bmatrix} [s\cos\theta \quad s\sin\theta \quad t_x \quad t_y]^T \tag{7.16}$$

其中，仿射变换参数由向量 $\boldsymbol{A} = [s\cos\theta \quad s\sin\theta \quad t_x \quad t_y]^T$ 表示。

根据给定的 n 对相应特征点（$n \geq 4$），构造点坐标矩阵为

$$\boldsymbol{X} = \begin{bmatrix} x_1 & y_1 & 1 & 0 \\ y_1 & -x_1 & 0 & 1 \\ \vdots & \vdots & \vdots & \vdots \\ x_n & y_n & 1 & 0 \\ y_n & -x_n & 0 & 1 \end{bmatrix}, \quad \boldsymbol{Y} = [x_1' \quad y_1' \quad \cdots \quad x_n' \quad y_n']^T \tag{7.17}$$

由最小均方误差原理求解 $E^2 = (\boldsymbol{Y} - \boldsymbol{XA})^T(\boldsymbol{Y} - \boldsymbol{XA})$，可以得到参数向量的求解方程为

$$\boldsymbol{A} = (\boldsymbol{X}^T \boldsymbol{X})^{-1} \boldsymbol{X}^T \boldsymbol{Y} \tag{7.18}$$

解出 $\boldsymbol{A}$ 后，便可以计算得出 E^2。

例7.3 利用特征进行模板匹配的实例。

解 在 MATLAB 中，detectSURFFeatures 函数用于检测图像的 SURF（speeded up robust features）特征点。SURF 是一种高效的特征检测算法，能够在图像中快速找到具有独特几何结构的特征点，这些特征点对尺度、旋转和光照变化具有较强的鲁棒性。完整的程序如下：

```
originalImage=imread('Lena.png');
templateImage=imread('Lena_template.png');

originalGray=rgb2gray(originalImage);
templateGray=rgb2gray(templateImage);

%创建 SURF 特征检测器
detector=vision.CascadeObjectDetector();

%检测原始图像中的 SURF 特征
originalPoints=step(detector,originalGray);

%提取模板图像的 SURF 特征
points1=detectSURFFeatures(templateGray);
[features1,validPoints1]=extractFeatures(templateGray,points1);   %features1 提取的特征描述子，是一个 M×N 矩阵，其中 M 是特征点的数量，N 是描述子的维度。validPoints1 有效的特征点对象包含成功提取描述子的特征点

%对原始图像中检测到的 SURF 特征进行特征提取
points2=detectSURFFeatures(originalGray);
[features2,validPoints2]=extractFeatures(originalGray,points2);

%在原始图像中匹配特征
indexPairs=matchFeatures(features1,features2);

%获取匹配特征的坐标
matchedPoints1=validPoints1(indexPairs(:,1),:);
matchedPoints2=validPoints2(indexPairs(:,2),:);

subplot(1,2,1)
showMatchedFeatures(originalGray,templateGray,matchedPoints2,matchedPoints1,'montage');
title('特征与匹配图');

subplot(1,2,2)
imshow(originalImage);
hold on;
for i=1:size(matchedPoints2,1)
    pos_b=matchedPoints2(i).Location;
```

```
        pos_cx=pos_b(1)- size(templateGray,2)/2;
        pos_cy=pos_b(2)- size(templateGray,1)/2;
        rectangle('Position',[pos_cx,pos_cy,size(templateGray,2),size(templateGray,
1)],'EdgeColor','g','LineWidth',2);
end
title('匹配结果');
hold off;
```

执行完上述程序后的结果如图7.5所示。

(a) 匹配图与特征　　　　　　　　(b) 匹配结果

图 7.5　基于特征的匹配结果

7.4　图像金字塔

图像金字塔是由一张图像的多个不同分辨率的子图所构成的图像集合。该组图像是由单个图像通过逐级向下采样生成的,直至满足某个条件后才停止采样过程,在这一过程中,最小的图像可能仅仅包含一个像素点。金字塔的底部用原始图像的高分辨率表示,而顶部是低分辨率的近似。随着向金字塔的顶部移动,图像的尺寸和分辨率逐级降低。通常情况下,每向上移动一级,图像的宽度和高度都减小为原来的二分之一,如图7.6所示。

图像金字塔主要分为两种类型:高斯金字塔和拉普拉斯金字塔。高斯金字塔(Gaussian pyramid)主要用于图像的下采样过程,而拉普拉斯金字塔(Laplacian pyramid)则用于从金字塔低层图像重建上层未采样图像,通常与高斯金字塔联合使用。这里的"向下"和"向上"采样,是相对于图像尺寸而言的,其中"向上"指的是图像尺寸加倍,而"向下"则是指图像尺寸减半。

要从金字塔第 i 层 G_i 生成第 $i+1$ 层 G_{i+1},首先要对 G_i 应用高斯核进行卷积操作,接着删除所有偶数行和偶数列。这样,新生成的图像面积将是原图像面积的四分之一。通过这种方式,对输入图像 G_0 进行连续操作,就可以构建出完整的图像金字塔。

1) 高斯金字塔

高斯金字塔是通过高斯平滑和亚采样获得向下采样图像。具体来说,第 i 层的高斯金字塔通过执行平滑、亚采样处理就可以生成第 $i+1$ 层的高斯图像。高斯金字塔包含了一系

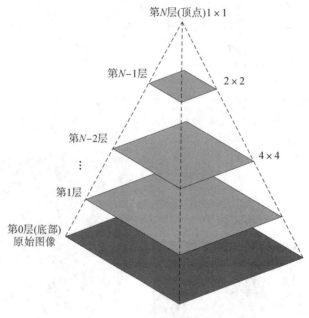

图 7.6 图像金字塔

列低通滤波器,其截止频率从上至下逐层以 2 的倍数递增,这使得高斯金字塔能够覆盖很大的频率范围。然而,值得注意的是,随着向下采样的进行,图像的信息会逐渐减少。以上就是对图像的向下采样操作,即缩小图像。

2) 拉普拉斯金字塔

在高斯金字塔的运算过程中,图像经过卷积和向下采样操作后,会丢失一些高频细节信息。为描述这些高频细节信息,拉普拉斯金字塔的概念应运而生。从高斯金字塔的每一层中减去其上一层经过上采样和高斯卷积处理后的预测图像,能够得到一系列的差值图像,即为拉普拉斯金字塔分解图像。

若需放大图像,必须执行向上采样操作,具体步骤如下:

(1) 将图像在每个维度上扩展为原来的两倍,新增的行和列用 0 进行填充。

(2) 利用先前使用的相同内核(其系数乘以 4)对放大后的图像进行卷积,以获得"新增像素"的近似值。这样得到的图像虽然放大了,但与原图相比会显得较为模糊,因为在缩放过程中已经丢失了一些信息。为了在整个缩小和放大过程中减少信息的损失,就需要用到拉普拉斯金字塔。

基于金字塔分层搜索策略:从顶层开始,逐层向下搜索。在顶层图像中搜索到的模板实例都将追踪到图像金字塔的最底层。在这一过程中,需要将高层的匹配结果映射到下一层,即将找到的坐标乘以 2。考虑到匹配位置的不确定性,在下一层搜索区域定位匹配结果周围的一个小区域,然后在这个区域内计算相似度,执行阈值分割,以提取局部极值。

在进行模板匹配时,金字塔的层数可以尽可能地多,顶层至少应包含四个以上的点。如果金字塔层数过高,可能会导致模板无法被识别,甚至出现错误;而层数过低,则会耗费更多时间来寻找目标。当难以确定合适的层数时,可以设置为自动选择模式。

例 7.4 创建图像金字塔的实例。

解 完整的程序如下:

```
img=imread('Lena.png');
```

```
imshow(img);title('原图');

%设置金字塔参数
numLevels=10;    %金字塔级别数
pyramid=cell(1,numLevels);
pyramid{1}=img;    %第一个级别是原始图像

%创建金字塔
for level=2:numLevels
    %降采样(缩小)上一个级别的图像
    pyramid{level}=imresize(pyramid{level-1},0.5);
end

figure;
for level=1:numLevels
    subplot(1,numLevels,level);
    imshow(pyramid{level});
    title(['Level ' num2str(level)]);
end
```
执行完上述程序后的结果如图 7.7 所示。

图 7.7 生成的金字塔图像

对于不同的应用场景,图像金字塔起到的作用也不尽相同。在特征点检测领域,图像金字塔赋予特征点尺度不变性特点,可以解决待检测图像与原图像由拍摄距离远近不同带来的尺度变化问题。相同的物体在不同距离下拍摄,在图像上呈现不同的大小。在原图中构建图像金字塔,可以模拟这种不同距离拍摄的现象,由此提取的特征点也具有尺度不变性。在模板匹配领域,为了减少匹配时间、提高效率,对模板和待匹配图像分别做图像金字塔,先从金字塔尖的图像开始匹配,由于分辨率较小,所以匹配时间较短,接着在此位置的基础上,在下一层该位置周围局部区域继续匹配,直到最后一层完成匹配。

7.5 模板图像的创建

7.5.1 从图像特定区域中创建模板

模板匹配的第一步是准备恰当的模板。这些模板通常基于参考图像生成,随后在目标检查图像中根据这些模板寻找相应的目标。ROI(感兴趣区域)可用于创建图像模板。ROI的选择不仅影响生成模板的质量,还决定了搜索的准确度。ROI 的形状、尺寸和方向等都是关键因素。此外,某些匹配技术也允许使用 XLD(可扩展线描述符)轮廓作为模板。

在创建图像模板时，首先需要确定将要匹配的目标对象，然后围绕该目标创建 ROI，以排除目标以外的其他图像区域。这一做法的目的是在搜索模板时，仅对裁剪后的 ROI 图像进行检测，从而将搜索范围限定在局部关键区域，显著减少搜索所需的时间。

例 7.5 特定区域创建模板图像的实例。

解 完整的程序如下：

```
image=imread('visa-card.png');
imshow(image);
grayImage=rgb2gray(image);
roi=drawrectangle;    %在图像上拖动选择感兴趣区域
roiPosition=roi.Position;    %获取 ROI 的位置和大小
template=imcrop(image,roiPosition);%截取 ROI
figure;
imshow(template);%显示模板
```

执行完上述程序后的结果如图 7.8 所示。

图 7.8 根据特征创建的模板图像

7.5.2 使用 XLD 轮廓创建模板

对于某些匹配方式而言，除了使用图像区域创建模板外，还可以使用 XLD 轮廓创建模板，例如基于相关性的模板匹配、基于形状的模板匹配等。

在 MATLAB 中，可以使用如下函数提取轮廓进行模板创建。

graythresh：用于自适应选择图像的阈值。

imbinarize：将灰度图像进行二值化处理。

bwperim：提取二值图像的边界轮廓。

例 7.6 根据轮廓创建模板实例。

解 完整程序如下：

```
img=imread('visa-card.png');
grayImg=rgb2gray(img);
%提取轮廓
threshold=graythresh(grayImg);
binaryImage=imbinarize(grayImg,threshold);
contourImage=bwperim(binaryImage);
%显示轮廓
subplot(1,2,1); imshow(contourImage);
roi=drawrectangle;    %在图像上拖动选择感兴趣区域
roiPosition=roi.Position;
```

```
x=roiPosition(1); y=roiPosition(2);
width=roiPosition(3);
height=roiPosition(4);
%从轮廓图像中提取感兴趣区域
roiTemplate=contourImage(y:y+height-1,x:x+width-1);
subplot(1,2,2); imshow(roiTemplate);
```

执行完上述程序后的结果如图 7.9 所示。

Visa Gold
4000 1234 5678 9010
12/20
VISA
Gold

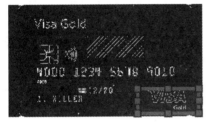

(a) 灰度轮廓图像 (b) 轮廓模板

图 7.9 程序执行结果

习 题

7.1 图像匹配的目的是什么？常用的方法有哪些？

7.2 假设目标图像 S 和模板 T 的灰度值如下：

$$S=\begin{bmatrix}1&2&3\\4&5&6\\7&8&9\end{bmatrix},\quad T=\begin{bmatrix}5&6\\7&8\end{bmatrix}$$

分别利用平均绝对误差(MAE)和均方误差(MSE)找到目标图像的最佳匹配位置。

7.3 请简要叙述图像金字塔的构建过程。

7.4 在纸上写一些数字(见图 7.10)，然后对其拍照，试着编写 MATLAB 程序将其中的数字识别出来。

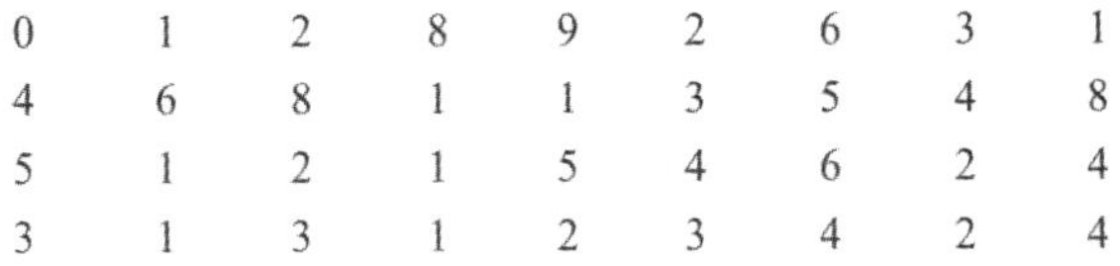
0 1 2 8 9 2 6 3 1
4 6 8 1 1 3 5 4 8
5 1 2 1 5 4 6 2 4
3 1 3 1 2 3 4 2 4

图 7.10 数字

7.5 编写 MATLAB 程序找出图 7.10 中所有的数字 3 和 5。

第 8 章 机器人视觉系统标定

程序资源包

在机器人视觉的应用领域，系统的标定精度对视觉检测、定位、测量的精确性起着至关重要的作用。其中，"手"（机器人）与"眼"（相机）的标定是机器人视觉技术的关键，旨在获得机器人基座或末端执行器与视觉相机之间的相对位姿关系。通过手眼标定，机器人能够准确地计算出其在空间中的位置，与视觉相机采集的数据进行对应。本章主要介绍视觉相机参数以及机器人手眼关系的标定原理与方法。

8.1 视觉相机参数的标定

在图像测量过程以及机器人视觉应用中，为了确定空间物体上某点的三维几何位置与其图像中相应点之间的关系，必须建立相机成像的几何模型，这些几何模型参数就是相机参数，通常这些参数必须通过实验和计算才能获得，获取这些参数的过程称为相机标定。

8.1.1 坐标系的建立与变换

图 8.1 给出了相机成像的小孔模型，为了便于表达与计算，引入以下坐标系：

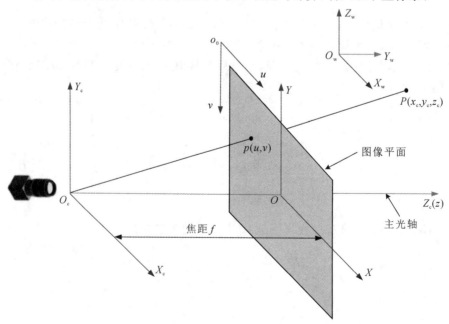

图 8.1 相机成像模型

(1) 世界坐标系$\{O_w\text{-}X_wY_wZ_w\}$：也称全局坐标系，是空间的一个直角坐标系，用来描述物体上点的三维坐标，用(x_w,y_w,z_w)表示。

(2) 相机坐标系$\{O_c\text{-}X_cY_cZ_c\}$：以透镜光学原理为基础，其坐标原点为相机的光心，Z_c轴与相机的主光轴重合，指向相机的前方，X_c轴和Z_c轴与图像坐标系的X和Y轴平行。物体上点在相机坐标下的三维坐标表示为(x_c,y_c,z_c)。

(3) 图像物理坐标系$\{O\text{-}XY\}$：建立在相机光敏成像面上，以相机坐标系z_c轴与图像的交点为原点，X轴沿图像的宽度方向，Y轴沿图像的高度方向。图像物理坐标系仅表征像素的位置，像素本身并不具有实际的物理意义，用物理单位(mm)来度量距离。

(4) 像素坐标系$\{o_0\text{-}uv\}$：一种逻辑坐标系，以矩阵的形式存储在相机内存中。以像素为单位，坐标原点在图像的左上角，像素坐标用(u,v)来表示。

在图像处理中，世界坐标系将图像中的像素点与现实世界中的物体位置相对应，这一过程是通过将像素点与现实世界中的参考点进行映射来实现的。对于三维空间中的任意一点P，其在相机坐标系中的坐标为(x_c,y_c,z_c)，在相机图像物理坐标系中的坐标为(x,y)，在像素坐标系中的坐标为(u,v)。

P点从世界坐标系$\{O_w\text{-}X_wY_wZ_w\}$到相机坐标系$\{O_c\text{-}X_cY_cZ_c\}$的转换关系，用齐次变换矩阵表示为

$$\begin{bmatrix} x_c \\ y_c \\ z_c \\ 1 \end{bmatrix} = \begin{bmatrix} \boldsymbol{R} & \boldsymbol{t} \\ \boldsymbol{0}^T & 1 \end{bmatrix} \begin{bmatrix} x_w \\ y_w \\ z_w \\ 1 \end{bmatrix} \quad (8.1)$$

式中：$\boldsymbol{R}$为旋转矩阵；$\boldsymbol{t}$为平移向量。

点P从相机坐标系$\{O_c\text{-}X_cY_cZ_c\}$投影到相机图像物理坐标系$\{O\text{-}XY\}$的变换关系为

$$x = f\frac{x_c}{z_c}, \quad y = f\frac{y_c}{z_c} \quad (8.2)$$

将其写成矩阵形式，可表述为

$$s\begin{bmatrix} x \\ y \\ 1 \end{bmatrix} = \begin{bmatrix} f & 0 & 0 \\ 0 & f & 0 \\ 0 & 0 & 1 \end{bmatrix} \begin{bmatrix} x_c \\ y_c \\ z_c \end{bmatrix} \quad (8.3)$$

式中：$s=z_c$为比例因子；f为相机的焦距。

图像物理坐标系和像素坐标系均用于表示图像像素的位置，但两者的原点和度量单位不同。因此，点P从图像物理坐标系到像素坐标系$\{o_0\text{-}uv\}$的变换关系为

$$u = \frac{x}{dx} + u_0, \quad v = \frac{y}{dy} + v_0 \quad (8.4)$$

将其写成齐次坐标形式，可表述为

$$\begin{bmatrix} u \\ v \\ 1 \end{bmatrix} = \begin{bmatrix} 1/dx & 0 & u_0 \\ 0 & 1/dy & v_0 \\ 0 & 0 & 1 \end{bmatrix} \begin{bmatrix} x \\ y \\ 1 \end{bmatrix} \quad (8.5)$$

式中：dx,dy表示单个像素在x和y方向的分辨率；u_0、v_0为图像的中心点坐标。

结合式(8.1)、式(8.3)、式(8.5)可得，点P从世界坐标系$\{O_w\text{-}X_wY_wZ_w\}$到像素坐标系

{o_0-uv}的变换关系为

$$s\begin{bmatrix}u\\v\\1\end{bmatrix}=\begin{bmatrix}1/\mathrm{d}x & 0 & u_0\\ 0 & 1/\mathrm{d}y & v_0\\ 0 & 0 & 1\end{bmatrix}\begin{bmatrix}f & 0 & 0 & 0\\ 0 & f & 0 & 0\\ 0 & 0 & 1 & 0\end{bmatrix}\begin{bmatrix}\boldsymbol{R} & \boldsymbol{t}\\ \boldsymbol{0}^{\mathrm{T}} & 1\end{bmatrix}\begin{bmatrix}x_\mathrm{w}\\y_\mathrm{w}\\z_\mathrm{w}\\1\end{bmatrix}$$

$$=\underbrace{\begin{bmatrix}\alpha_x & 0 & u_0 & 0\\ 0 & \alpha_y & v_0 & 0\\ 0 & 0 & 1 & 0\end{bmatrix}}_{\boldsymbol{M}_\mathrm{I}}\underbrace{\begin{bmatrix}\boldsymbol{R} & \boldsymbol{t}\\ \boldsymbol{0}^{\mathrm{T}} & 1\end{bmatrix}}_{\boldsymbol{M}_\mathrm{E}}\begin{bmatrix}x_\mathrm{w}\\y_\mathrm{w}\\z_\mathrm{w}\\1\end{bmatrix}=\boldsymbol{M}_\mathrm{I}\boldsymbol{M}_\mathrm{E}\begin{bmatrix}x_\mathrm{w}\\y_\mathrm{w}\\z_\mathrm{w}\\1\end{bmatrix}$$

(8.6)

式中：$\alpha_x = f_x/\mathrm{d}x$ 为 u 方向上的尺寸因子，或称为 u 轴上的归一化焦距；$\alpha_y = f_y/\mathrm{d}y$ 为 v 方向上的尺寸因子，或称为 v 轴上的归一化焦距；相机的内参矩阵 $\boldsymbol{M}_\mathrm{I} \in \mathbb{R}^{3\times 4}$ 包含了焦距、主点和像差等，决定了相机的视场大小、成像清晰度和准确性；$\boldsymbol{M}_\mathrm{E} \in \mathbb{R}^{4\times 4}$ 是相机的外参矩阵。确定某一相机的内外参数的过程，称为相机标定。

目前，相机内参矩阵与外参矩阵的标定，普遍采用经典的张氏标定算法，该算法已被集成进 MATLAB 的"Camera Calibrator"工具箱。

8.1.2 畸变模型

在研究和应用视觉相机成像时，通常将三维空间场景通过透视变换转换成二维图像，所使用的设备是由多片透镜构成的光学镜头，具有相同的小孔成像模型。然而，由于相机制造和工艺的限制，例如光线通过透镜时的折射误差、CCD 阵列定位误差等，相机的光学成像系统与理论模型存在偏差，因此，生成的二维图像往往会出现不同程度的非线性变形，这种现象通常被称为几何畸变。

光学镜头的几何畸变分为径向畸变、偏心畸变和薄棱镜畸变三种类型。径向畸变通常源于镜头形状的缺陷，它在相机镜头的主光轴上呈现对称性。偏心畸变主要是由于光学系统的几何中心与理想位置不一致，导致透镜的光轴中心无法完全共线。薄棱镜畸变多由镜头设计和制造上的缺陷以及加工和安装过程中的误差引起，例如镜头与相机平面之间存在微小的倾斜角度。这三种畸变导致切向畸变和径向畸变两种形式的图像失真。通常，径向畸变占据着主导地位，主要包括枕形畸变和桶形畸变，如图 8.2 所示。而在实际的相机成像过程中，切向畸变远小于径向畸变，可以忽略。

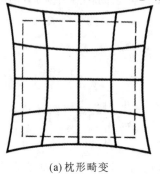
(a) 枕形畸变

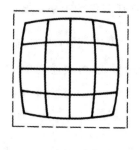
(b) 桶形畸变

图 8.2 径向畸变

当相机的线性模型无法精确地描述畸变情况下的几何成像关系时,需采用非线性模型的标定方法。

相机的线性模型无法精确地描述畸变情况下的几何成像关系时,需采用非线性模型的标定方法。径向畸变模型的数学形式为

$$\begin{cases} \hat{x} = x(1+k_1r^2+k_2r^4) \\ \hat{y} = y(1+k_1r^2+k_2r^4) \end{cases} \tag{8.7}$$

式中:$r=x^2+y^2$;$(\hat{x},\hat{y})$为矫正后的图像;k_1、k_2为径向畸变系数。

切向畸变可用两个参数 p_1、p_2 进行矫正,数学表达式为

$$\begin{cases} x_{\text{distorted}} = x + 2p_1xy + p_2(r^2+2x^2) \\ y_{\text{distorted}} = y + p_1(r^2+2y^2) + 2p_2xy \end{cases} \tag{8.8}$$

联合式(8.7)与式(8.8),对于相机坐标系中点 P,通过五个畸变参数获得该点在像素平面上的准确位置。具体步骤如下。

(1) 将三维空间点投影到归一化图像平面,设其归一化坐标为$[x,y]^T$。

(2) 对归一化平面上的点,计算径向畸变和切向畸变:

$$\begin{cases} \hat{x}=x(1+k_1r^2+k_2r^4+k_3r^6)+2p_1xy+p_2(r^2+2x^2) \\ \hat{y}=y(1+k_1r^2+k_2r^4+k_3r^6)+p_1(r^2+2y^2)+2p_2xy \end{cases}$$

(3) 通过式(8.4)计算畸变矫正过后的点,从而获得该点的像素坐标:

$$\begin{cases} u=f_x\hat{x}+u_0 \\ v=f_y\hat{y}+v_0 \end{cases}$$

8.1.3 相机参数标定的流程

利用 MATLAB 标定相机内参矩阵与外参矩阵的流程如下。

(1) 制作棋盘格。进入棋盘格制作网站(https://markhedleyjones.com/projects/calibration-checkerboard-collection),设置行数为 8,列数为 11,方格的边长为 25 mm,生成棋盘格,注意行数与列数互为奇偶,如图 8.3 所示。

图 8.3 棋盘格

(2) 固定相机,移动棋盘格,从各个角度和方向采集 10 张棋盘格图像。

在"Camera Calibrator"工具箱中,点击"Add Images"按钮,添加采集的棋盘格图像。

(3) 检查棋盘格图像,剔除不符合条件的图像。对于 X 轴、Y 轴,0 点不相同的图片应该去除,否则会影响后续的参数标定。

(4) 点击"Calibrate"按钮进行标定，显示结果如图 8.4 所示。

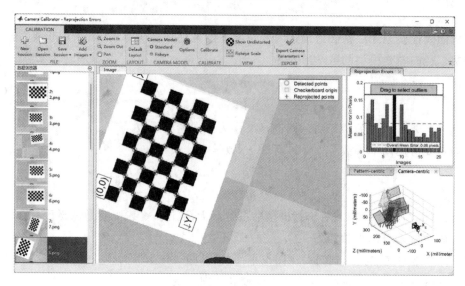

图 8.4　相机内外参数标定的可视化显示

(5) 输出标定参数。点击"Export Camera Parameters"，输出相机标定参数的结构体变量 cameraParams，其结果如图 8.5 所示。

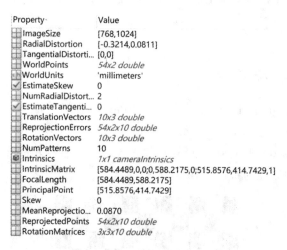

图 8.5　结构体变量 cameraParams 与对应的值

结构体变量 cameraParams 成员的含义如下。

IntrinsicMatrix：3×3 的相机内参矩阵，以转置形式存储。

PrincipalPoint：主点坐标 $[u_0, v_0]$，单位为像素。

RadialDistortion：径向畸变系数 $[k_1, k_2]$。

TangentialDistortion：切向畸变系数 $[p_1, p_2]$。

RotationMatrices：$3 \times 3 \times N$ 数组，标定板每个角点到相机坐标系的旋转矩阵。

TranslationVectors：$N \times 3$ 矩阵，标定板每个角点到相机坐标系的平移向量。

MeanReprojectionError：平均重投影误差（像素单位），衡量标定精度（值越小越好）。

8.2 机器人手眼关系标定

机器人手眼关系一般分为两种情况：一是眼在手上(eye-in-hand)，即相机(眼)固定在机器人末端(手)，机器人可以带着相机运动来捕捉物体图像信息，以此感知和理解周围环境；另一种是眼在手外(eye-to-hand)，即相机(眼)脱离机器人(手)而固定在外部装置上，其位姿相对于机器人基坐标系固定。

8.2.1 标定原理

1. 眼在手上情况

对于眼在手上的手眼关系标定，其目的是求解相机坐标系到机器人末端工具坐标系的齐次变换矩阵。图 8.6 为机器人视觉系统"眼在手上"的示意图，其中，$\{B\}$ 为机器人基坐标系，$\{W\}$ 为标定板坐标系，$\{C\}$ 为相机坐标系，$\{T\}$ 为机器人末端坐标系，各个坐标系的位姿关系可用 4×4 齐次变换矩阵表示。

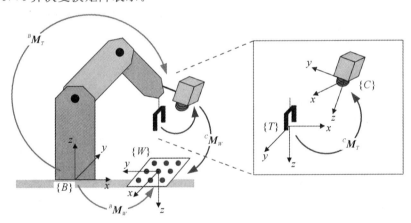

图 8.6 机器人视觉系统"眼在手上"的示意图

针对机器人当前的位姿，建立坐标系 $\{B\}\to\{T\}\to\{C\}\to\{W\}$ 的运动链，用机器人带动相机运动，同样建立坐标系 $\{B\}\to\{T\}\to\{C\}\to\{W\}$ 的运动链。由于标定板坐标系 $\{W\}$ 相对于机器人基坐标系 $\{B\}$ 是固定的，可以形成当前位姿与下一个位姿的运动链关系，如图 8.7 所示。其中：${}^B\boldsymbol{M}_T(1)$、${}^B\boldsymbol{M}_T(2)$ 分别为机器人在第一个位姿与第二个位姿时，机器人末端坐标系 $\{T\}$ 相对于基坐标系 $\{B\}$ 的齐次变换矩阵；${}^C\boldsymbol{M}_W(1)$、${}^C\boldsymbol{M}_W(2)$ 分别为相机在机器人第一个位姿与第二个位姿时，标定板坐标系相对于相机坐标系的齐次变换矩阵。

根据图 8.7 所示的运动链关系可得

$$^B\boldsymbol{M}_T^{-1}(1) \cdot {}^B\boldsymbol{M}_T(2) \cdot {}^T\boldsymbol{M}_C = {}^T\boldsymbol{M}_C \cdot {}^C\boldsymbol{M}_W(1) \cdot {}^C\boldsymbol{M}_W^{-1}(2) \tag{8.9}$$

令 $\boldsymbol{A}={}^B\boldsymbol{M}_T^{-1}(1)\cdot{}^B\boldsymbol{M}_T(2)$，$\boldsymbol{B}={}^C\boldsymbol{M}_W(1)\cdot{}^C\boldsymbol{M}_W^{-1}(2)$，$\boldsymbol{X}={}^T\boldsymbol{M}_C$，则式(8.9)可表示为

$$\boldsymbol{AX}=\boldsymbol{XB} \tag{8.10}$$

其中，$\boldsymbol{X}$ 就是所要求解的相机坐标系 $\{C\}$ 到机器人末端坐标系 $\{T\}$ 的齐次变换矩阵。

2. 眼在手外情况

对于眼在手外的手眼关系标定，其目的是求解相机坐标系到机器人基坐标系的齐次变

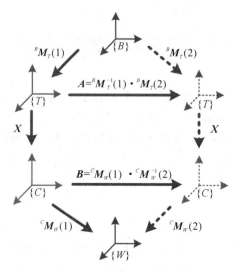

图 8.7 各个坐标系的运动链关系

换矩阵。图 8.8 给出了机器人视觉系统"眼在手外"的示意图,其中,$\{B\}$ 为机器人基坐标系,$\{W\}$ 为标定板坐标系,$\{C\}$ 为相机坐标系,$\{T\}$ 为机器人末端坐标系,各个坐标系的位姿关系可用 4×4 齐次变换矩阵表示。

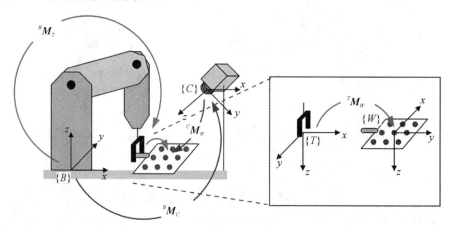

图 8.8 机器人视觉系统"眼在手外"的示意图

针对机器人当前的位姿,建立坐标系 $\{T\} \to \{B\} \to \{C\} \to \{W\}$ 的运动链,用机器人带动标定板运动,同样建立坐标系 $\{T\} \to \{B\} \to \{C\} \to \{W\}$ 的运动链。由于标定板坐标系 $\{W\}$ 相对于机器人末端坐标系 $\{T\}$ 是固定的,可以形成当前位姿与下一个位姿的运动链关系,如图 8.9 所示。其中:$^{B}\boldsymbol{M}_T(1)$、$^{B}\boldsymbol{M}_T(2)$ 分别为机器人在第一个位姿与第二个位姿时,机器人末端坐标系 $\{T\}$ 相对于机器人基坐标系 $\{B\}$ 的齐次变换矩阵;$^{C}\boldsymbol{M}_W(1)$、$^{C}\boldsymbol{M}_W(2)$ 分别为相机在机器人第一个位姿与第二个位姿时,标定板坐标系相对于相机坐标系的齐次变换矩阵。

根据图 8.9 所示的运动链关系可得

$$^{B}\boldsymbol{M}_T^{-1}(1) \cdot {}^{B}\boldsymbol{M}_C \cdot {}^{C}\boldsymbol{M}_W(1) = {}^{B}\boldsymbol{M}_T^{-1}(2) \cdot {}^{B}\boldsymbol{M}_C \cdot {}^{C}\boldsymbol{M}_W(2) \tag{8.11}$$

将式(8.11)进行变换可得

$$^{B}\boldsymbol{M}_T(1) \cdot {}^{B}\boldsymbol{M}_T^{-1}(2) \cdot {}^{B}\boldsymbol{M}_C = {}^{B}\boldsymbol{M}_C \cdot {}^{C}\boldsymbol{M}_W(1) \cdot {}^{C}\boldsymbol{M}_W^{-1}(2) \tag{8.12}$$

同样,令 $\boldsymbol{A} = {}^{B}\boldsymbol{M}_T(1) \cdot {}^{B}\boldsymbol{M}_T^{-1}(2)$,$\boldsymbol{B} = {}^{C}\boldsymbol{M}_W(1) \cdot {}^{C}\boldsymbol{M}_W^{-1}(2)$,$\boldsymbol{X} = {}^{B}\boldsymbol{M}_C$,则式(8.12)可

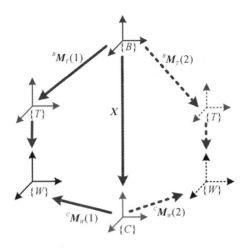

图 8.9 "眼在手外"坐标变换示意图

表示为
$$AX = XB \tag{8.13}$$
其中,X 就是所要求解的相机坐标系到机器人基坐标系的齐次变换矩阵。

8.2.2 标定方程 $AX=XB$ 的求解

将机器人手眼关系方程 $AX=XB$ 以齐次变换矩阵的形式展开,可写成
$$\begin{bmatrix} R_A & t_A \\ 0^T & 1 \end{bmatrix} \begin{bmatrix} R_X & t_X \\ 0^T & 1 \end{bmatrix} = \begin{bmatrix} R_X & t_X \\ 0^T & 1 \end{bmatrix} \begin{bmatrix} R_B & t_B \\ 0^T & 1 \end{bmatrix} \tag{8.14}$$
然后得到以下表达式:
$$R_A R_X = R_X R_B \tag{8.15}$$
$$R_A t_X + t_A = R_X t_B + t_X \tag{8.16}$$
式中:R_A、R_B 表示已知的 3×3 旋转矩阵;t_A、t_B 表示 3×1 平移向量;R_X、t_X 分别表示待求解的 3×3 旋转矩阵和 3×1 平移向量。

针对矩阵方程 $AXB=C$,$A\in\mathbb{R}^{m\times n}$、$B\in\mathbb{R}^{p\times q}$、$C\in\mathbb{R}^{m\times q}$ 是给定的已知值,$X\in\mathbb{R}^{n\times p}$ 是待求解的未知矩阵。$AXB=C$ 可以通过 Kronecker 积重写成线性方程的表达形式:
$$(B^T \otimes A) \cdot \text{vec}(X) = \text{vec}(AXB) \tag{8.17}$$
式中:符号 $\otimes$ 表示 Kronecker 算子;$\text{vec}(\cdot)$ 表示矩阵按列的顺序组成的列向量。

因此,式(8.15)和式(8.16)可根据式(8.17)的恒等式转化为线性形式,具体为
$$(R_B \otimes R_A) \cdot \text{vec}(R_X) = \text{vec}(R_X) \tag{8.18}$$
$$R_A t_X + t_A = (t_B^T \otimes I_{3\times3}) \cdot \text{vec}(R_X) + t_x \tag{8.19}$$
将式(8.18)和式(8.19)写成矩阵形式,$AX=XB$ 问题的线性方程可以写为
$$\widetilde{H} \cdot \beta = \widetilde{\omega} \tag{8.20}$$
式中:$\widetilde{\omega}$ 是由 $\omega_i = \begin{bmatrix} 0_{9\times1} \\ t_{A_i} \end{bmatrix} \in \mathbb{R}^{12}$ 叠加的常数向量;$\widetilde{H}$ 是由 $H_i = \begin{bmatrix} R_{B_i}\otimes R_{A_i} - I_{9\times9} & 0_{9\times3} \\ t_{B_i}^T \otimes I_{3\times3} & I_{3\times3} - R_{A_i} \end{bmatrix} \in \mathbb{R}^{12\times12}$ 叠加的回归矩阵;$\beta = \begin{bmatrix} \text{vec}(R_X) \\ t_X \end{bmatrix} \in \mathbb{R}^{12}$ 为未知变量向量。

式(8.20)可转化为非齐次线性方程组进行求解：
$$AX = b \tag{8.21}$$
利用最小二乘法可以得到 X 的解。

其他的求解方法，比如 TSAI、对偶四元数、Navy 等，可以参考。

8.2.3 实例分析

如图 8.10 所示，实验装置包括 UR5e 机器人、RealSense D435i 相机和标定板，标定板的棋盘格大小为 10 mm×10 mm。相机安装在机器人末端法兰上，标定板以一定的倾角固定在工作台上。数据采集以及标定代码运行在 Ubuntu i7-10750 电脑上。标定步骤如下：

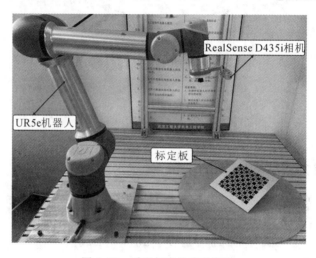

图 8.10　手眼标定的实验装置

（1）拖动装有相机的 UR5e 机器人，使机器人末端相机的位置距离标定板大约 500 mm，让棋盘格处于相机视野中。同时，记录机器人末端法兰的位姿信息及相机拍摄的棋盘格图像。

（2）改变机器人的位姿，获取不同视点下的棋盘格图像，并按照步骤（1）采集数据，重复上述过程，直到采集 20 组数据。

（3）根据步骤（2）采集的数据，利用 MATLAB 相机标定工具箱"Camera Calibrator"，将获取的 20 幅图像转换为相机坐标系{C}相对于标定板坐标系{W}的齐次变换矩阵。采用本章的方法，将生成的 20 组数据对（A_i, B_i）用于标定相机与工具之间的位姿矩阵 X。

习　题

8.1　为什么要进行相机的标定？如何进行相机参数的标定？

8.2　使用图 8.11 所示的棋盘格，利用 MATLAB 标定相机内参矩阵与外参矩阵。

8.3　眼在手外和眼在手上的相机标定方法有什么区别？

8.4　在进行相机标定时，假设得到的畸变参数为 $k_1=-0.2, k_2=0.1, p_1=0.01, p_2=-0.01$。像素点的原始坐标为(300,250)，计算该点校正后的新坐标。

8.5　假设获得了相机的内参矩阵 K，物体的世界坐标为(200,150,500)（单位为 mm），

图 8.11 习题 8.2 图

像素坐标为 (320,240)。请给出 R 和 T 的计算步骤及结果。

第 9 章　3D 视觉测量基础

随着机器人视觉技术在工业自动化生产中的应用越来越广泛，2D 视觉测量方法已经远远不能满足实际生产的需求，一些高精度同时具有特殊量测位置的产品也让传统的视觉检测方法束手无策，因此基于 3D 视觉的测量技术受到研究者的广泛关注，同时得到了快速发展。机器视觉算法的效果严重依赖于输入图像的质量，表面缺陷检测、深度检测、共面性检测、曲面度检测等均是 3D 视觉技术的优势功能。针对这些检测，2D 相机想要取得一幅质量好的图像非常困难，3D 激光测量技术的出现弥补了传统视觉量测技术的缺陷，为空间 3D 信息的获取提供了全新的技术手段。

如图 9.1 所示，3D 视觉测量分为主动测量法和被动测量法。主动测量法是利用特定的、人为控制光源和声源对物体目标进行照射，根据物体表面的反射特性及光学、声学特性来获取目标的三维信息。其特点是具有较高的测量精度、抗干扰能力和实时性，具有代表性的主动测量方法有结构光测量法、飞行时间测量法、激光三角测量法。本章将介绍 3D 视觉测量中双目视觉测量法、激光三角测量法、结构光测量法、飞行时间测量法的相关基础知识。

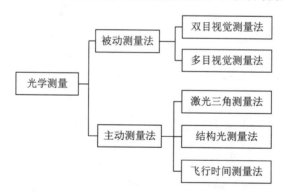

图 9.1　光学测量的分类

9.1　双目视觉测量法

双目视觉测量（binocular vision measurement）是基于视差原理，利用两个视觉相机从不同的位置获取被测量物体的两幅图像，通过计算图像对应点间的位置偏差，来获取物体三维几何信息的方法。该方法具有效率高、精度合适、系统结构简单、成本低等优点，非常适用于制造现场的在线非接触产品的检测与质量控制、运动物体的测量等，广泛应用于机器人导航、工业自动化、医学影像等领域。

9.1.1 工作原理

双目视觉的测距原理与人眼类似,即通过计算两图像视差,实现对两图像同一物体点距离的测量。双目视觉测量模型如图 9.2 所示,由左、右两个视觉相机组成,这两个相机的光轴平行,成像平面共面,且焦距等内参数一致。分别用下标 l 和 r 标注左、右相机的相应参数。对于三维空间的点 $P(x,y,z)$,在左、右成像平面形成了视差。

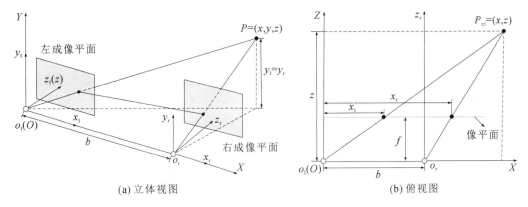

(a) 立体视图 (b) 俯视图

图 9.2 双目视觉测量模型

设相机的焦距为 f,左、右相机的基线长度(左、右相机光心之间的距离)为 b。根据几何关系可得

$$\frac{z}{f} = \frac{x}{x_l} = \frac{x-b}{x_r} = \frac{y}{y_l} = \frac{y}{y_r} \tag{9.1}$$

式中: x_l 和 x_r 为点 P 在左、右两个成像平面的投影点在 X 方向的坐标; y_l 和 y_r 为点 P 在左、右两个成像平面的投影点在 Y 方向的坐标。进而可解得

$$\begin{cases} z = \dfrac{b \cdot f}{x_l - x_r} \\ x = \dfrac{x_l \cdot z}{f} = b + \dfrac{x_r \cdot z}{f} = \dfrac{x_l \cdot b}{x_l - x_r} \\ y = \dfrac{y_l \cdot z}{f} = \dfrac{y_r \cdot z}{f} = \dfrac{b \cdot y_l}{x_l - x_r} = \dfrac{b \cdot y_r}{x_l - x_r} \end{cases} \tag{9.2}$$

定义视差 $d = x_l - x_r$,即左成像平面上的点 (x_l, y_l) 和右成像平面上的对应点 (x_r, y_r) 的横坐标之差,则有

$$\begin{cases} x = \dfrac{x_l \cdot b}{d} \\ z = \dfrac{b \cdot f}{d} \\ y = \dfrac{b \cdot y_l}{d} = \dfrac{b \cdot y_r}{d} \end{cases} \tag{9.3}$$

通过式(9.3)能够得到相机坐标系与图像坐标系之间的变换关系。可见,如果知道相机的焦距、两相机间基线长度和视差,就可以计算点 P 的深度 z。焦距及基线长度可通过相机标定获得,而视差的计算则是双目视觉测量法需要解决的核心问题,一般通过对左、右相机

采集到的两图像进行特征点匹配来实现。

同时,视差与深度成反比,即当视差 d 趋于 0 时,其细微的变化都将导致深度值突变,因此,相机与场景中物体之间的距离不能太远,否则将出现较大偏差。

9.1.2 工作流程

双目视觉测量分为 4 个步骤:

(1) 相机标定。双目相机标定需要标定出每个相机的内部参数以及畸变参数,还要通过标定来测量两个摄像头之间的相对位置。

(2) 双目校正。双目校正是根据相机标定后获得的单目内参和双目相对位姿关系,分别对左、右视图进行消除畸变和行对准的过程。通过校正,左、右视图的成像原点坐标一致,两相机光轴平行,左、右成像平面共面,与极线行对齐。这样一幅图像上任意一点与其在另一幅图像上的对应点就必然具有相同的行号,只需在该行进行一维搜索即可匹配到对应点。

(3) 双目匹配。双目匹配是把同一场景在左、右视图上对应的像点匹配起来,可以得到视差图,然后通过上述原理中的公式就可以计算出深度信息。

(4) 深度信息计算。在建立特征点对应关系后,利用三角测量原理计算出物体在三维空间中的位置坐标。根据特征点在两个相机图像平面上的投影坐标和相机的内外参数,可以求解出物体在相机坐标系下的三维坐标。然后,利用坐标系转换可以将这些坐标转换到世界坐标系下,得到物体的深度信息。

9.1.3 实例分析

对双目视觉相机进行标定的过程如下:

(1) 标定板的选取。如图 9.3 所示,标定板设为 8×11 个方格,每个小方格的边长为 15 mm。

(2) 图像采集。分别用左、右两个相机采集标定板的图像,如图 9.4 所示,然后将采集的图像添加到 MATLAB 自带的双目相机标定工具箱"Stereo Camera Calibrator"中,工具箱识别效果如图 9.5 所示。

图 9.3 标定板

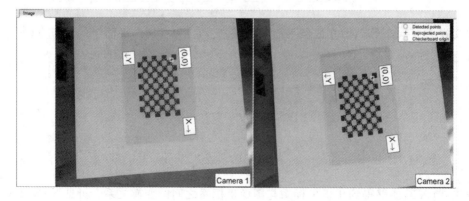

图 9.4 采集标定板图像

(3) 双目标定。单击标定按钮,就可以得到标定的结果,如图 9.6 所示。

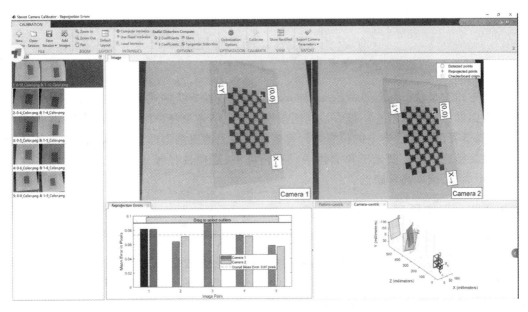

图 9.5　工具箱识别效果

1x1 stereoParameters

属性	值
CameraParamet...	1x1 cameraParame...
CameraParamet...	1x1 cameraParame...
RotationOfCame...	[0.9991,-0.0395,0.0...
TranslationOfCa...	[0.9498,47.7456,0.0...
FundamentalMat...	[2.2102e-06,-9.447...
EssentialMatrix	[0.8051,-0.3439,47....
MeanReprojecti...	0.0732
NumPatterns	5
WorldPoints	70x2 double
WorldUnits	'millimeters'

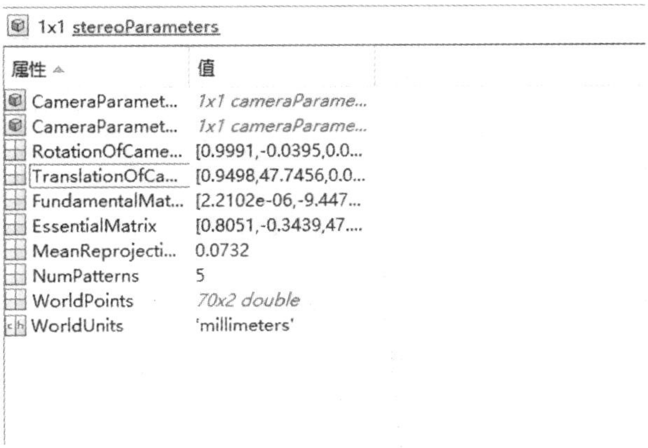

图 9.6　双目标定结果

stereoParameters 结构体的成员含义如下。

CameraParameters1 与 CameraParameters2：左、右相机的独立标定参数包含子成员。

IntrinsicMatrix：内参矩阵(需转置为常规形式)。

RadialDistortion：径向畸变系数[k_1, k_2, k_3]。

TangentialDistortion：切向畸变系数[p_1, p_2]。

PrincipalPoint：主点坐标[u_0, v_0]。

FocalLength：焦距[f_x, f_y](像素单位)。

ImageSize：标定图像尺寸[高度，宽度]。

RotationOfCamera2：从左相机坐标系到右相机坐标系的旋转矩阵(3×3 矩阵)。

TranslationOfCamera2：从左相机坐标系到右相机坐标系的平移向量(1×3 向量)。

WorldPoints：标定板角点的世界坐标(N×2 数组，通常假设标定板位于 $Z=0$ 平面)。

9.2 激光三角测量法

激光三角测量法(laser triangle measurement)是一种非接触式的测量技术,用于获取目标物体表面的三维形状信息。该方法利用激光器产生的光束与目标物体表面相交后形成光斑,通过测量光斑在接收器上的位置来计算表面上各点的三维坐标,从而实现对目标物体表面形状的高精度测量。激光三角测量法具有精度高、适应性强等优点,但同时也存在速度慢、工作距离小、成本高等缺点。

9.2.1 工作原理

如图9.7所示,激光器发射的一束激光以一定的入射角度照射到被测量物体表面,激光在被测量物体表面发生反射和散射,然后利用透镜将反射激光汇聚成像,光斑成像在CCD传感器上。当目标物体沿激光方向移动时,CCD传感器上的光斑将产生移动,其位移对应目标物体的移动距离。由于入射光和反射光构成一个三角形,可运用几何三角定理计算光斑位移,因此称为激光三角测量法。

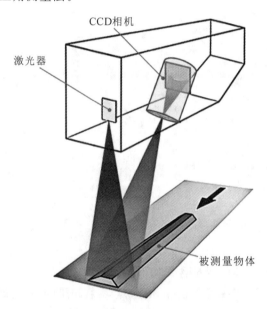

图9.7 激光三角测量法示意图

9.2.2 分类

按入射光线与目标物体表面法线方向所成的角度不同,激光三角测量法分为直射式和斜射式两种形式。

(1) 当激光器光束垂直入射目标物体表面,即入射光线与目标物体表面法线共线时,称为直射式激光三角测量法,如图9.8(a)所示。

(2) 当激光入射光束与目标物体表面法线间的夹角小于90°时,为斜射式激光三角测量法,如图9.8(b)所示。

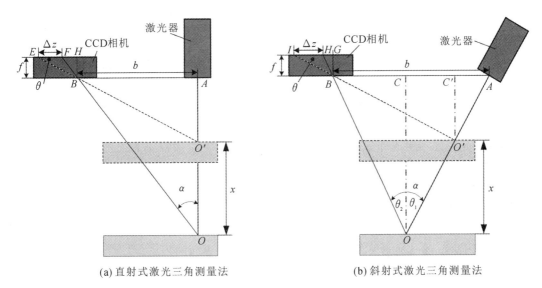

(a) 直射式激光三角测量法　　　　(b) 斜射式激光三角测量法

图 9.8　直射式激光三角测量法和斜射式激光三角测量法

如图 9.8 所示，激光器入射光 OA 与基线 OB 间的夹角为 α，激光器与 CCD 相机的距离为 b，CCD 相机的焦距为 f，光斑在成像面上的位移为 Δz（可由图像处理算法得到），被测物体移动的距离为 x。

对于直射式激光三角测量法，由三角形相似性可知

$$\frac{EH}{BA} = \frac{f}{AO'} \Rightarrow \frac{\Delta z + f\tan\alpha}{b} = \frac{f}{AO'} \Rightarrow AO' = \frac{bf}{\Delta z + f\tan\alpha}$$

因此，物体位移为

$$x = AO - AO' = \frac{b}{\tan\alpha} - \frac{bf}{\Delta z + f\tan\alpha} = \frac{\Delta z b}{\Delta z \tan\alpha + f\tan^2\alpha} \tag{9.4}$$

对于斜射式激光三角测量法，由三角函数关系可得：$HG = f\tan\theta_2$，$IG = \Delta z + f\tan\theta_2$，$BO' = b\cos\theta_1$，$OO' = \dfrac{BO'}{\tan\alpha}$。由三角形相似关系可知，$\triangle IBG$ 与 $\triangle BAO'$ 相似，则有

$$\frac{BA}{IB} = \frac{O'A}{BG}, \quad \frac{b}{\dfrac{IG}{\cos\theta}} = \frac{O'A}{f}, \quad O'A = \frac{bf\cos\theta_1}{\Delta z + f\tan\theta_2}$$

又因为

$$O'A = b\sin\theta_1 \tag{9.5}$$

所以有

$$b\sin\theta_1 = \frac{bf\cos\theta_1}{\Delta z + f\tan\theta_2} \tag{9.6}$$

$$\tan\theta_1 = \frac{f}{\Delta z + f\tan\theta_2} \tag{9.7}$$

$$x = OO'\sin\theta_1, \quad x = \frac{b}{\tan(\theta_1 + \theta_2)\tan\theta_1} = \frac{\Delta z b + bf\tan\theta_2}{f\tan(\theta_1 + \theta_2)} \tag{9.8}$$

直射式激光三角测量法在对物体三维轮廓测量中由于具有垂直于物体表面入射的特点，相机主要接收物体表面的散射光，更适用于测量表面粗糙、形貌复杂的物体；斜射式激光三角测量法通过捕捉和分析散射光或镜面反射光进行三维轮廓测量，更适用于测量表面光滑、形貌简单的物体。将两种激光三角测量法应用于不同测量场景的对比如表 9.1 所示。

表 9.1　直射式和斜射式激光三角测量法的对比

类别	直射式	斜射式
优点	接收来自被测物体的散射光,适合测量散射性能好的表面	接收来自被测物体的正反射光,适合测量表面接近镜面的物体
缺点	光斑较小,光强集中,体积较小	分辨率高,测量范围小,体积较大

激光三角传感器组成部分包括摄像机、激光器等,其基本参数如下。

① 视野范围:又称视场,是指在某一工作距离时传感器激光线方向能扫到的最大宽度。3D传感器的FOV(视场角)包含了远视场、中视场和近视场。

② 测量范围:指传感器近视场到远视场之间的距离,其类似2D相机的景深。需要注意,测量范围不等于扫描范围。

③ 工作距离:指传感器下表面(玻璃面)到被测物上表面的距离。

④ 分辨率:传感器能识别到的最小尺寸。

⑤ 垂直分辨率:Z轴方向能被测量出的最小高度。

⑥ 水平分辨率:Y轴方向能被测量出的最小宽度。

⑦ 线性度:偏差值(参考值与测量值的差值)与测量范围的比值。通过线性度,我们可以算出当前传感器的准确度。

⑧ 重复精度:又称重复性,指将被测料件重复扫描4100次的最大偏差值。各参数如图9.9所示。

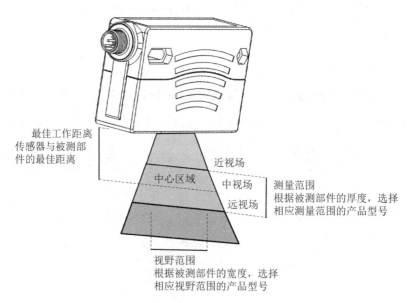

图 9.9　激光三角传感器参数

9.2.3　工作流程

使用激光三角技术进行测量的步骤如下:

(1) 对测量系统(包括激光平面、相机)进行标定;

(2) 创建激光三角技术模型;

(3) 采集每个轮廓线的图像,测量每张图中的轮廓线,获取测量的结果;

(4) 调用激光器和相机之间的距离 b、相机焦距 f、激光器射线方向和基准线间的夹角 β,利用三角几何知识,基于 f 和 β 求出距离和坐标信息。

9.3 结构光测量法

结构光测量(structured light measurement)是一种通过投射结构化光模式(条纹、格点)来测量目标物体表面形状和几何特征的技术,它通常使用一个或多个光源投射特定的光斑到目标物体表面上,然后通过视觉传感器捕获这些光斑的形变,从而计算出目标物体的三维坐标、形状或表面曲率等信息。基于激光三角测量技术,按照光源类型的不同,结构光测量又分为点结构光测量、线结构光测量与面结构光测量三种,如图 9.10 所示。

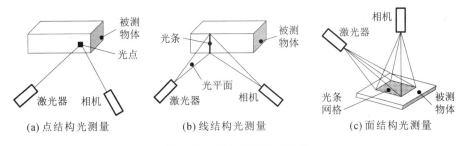

图 9.10 结构光测量的种类

(1) 点结构光测量:激光器的光源为点光源,测量时间较长。

(2) 线结构光测量:激光器的光源通过柱面透镜产生片状光束,相机为 CCD 相机,可提高测量效率和轮廓精度,在工业中广泛用于物体体积测量、三维成像等领域。

(3) 面结构光测量:激光器的光源通过光栅调制产生多个切片光速,形成光带。测量效率高,但标定复杂。

针对一个简单的二维情况,主动激光光源缓慢扫过待测物体,在此过程中,相机记录对应的扫描过程,最后,依据相机和激光光源在该过程中的相对位姿和相机内参数等参数,就可以重建出待测物体的二维结构。

如图 9.11 所示,由三角形的几何关系可知,目标物体点 P 在相机坐标系 $\{O\text{-}XY\}$ 中的距离 d 为

$$d = \frac{b\sin\alpha}{\sin(\alpha+\beta)} \tag{9.9}$$

式中:b 为相机到激光光源中心的距离;α 为激光光源的朝向;β 则需要通过 P 点对应像素的坐标和焦距来确定。

最终可知,点 P 的二维坐标为

$$P = (d\cos\beta, d\sin\beta) \tag{9.10}$$

将二维测量推广到三维测量情况,如图 9.12 所示。由小孔成像模型可知:

$$\frac{X}{u} = \frac{Z}{f} = \frac{Y}{v} \tag{9.11}$$

由三角测量原理可得

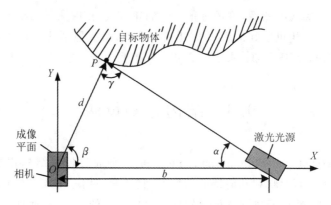

图9.11 二维结构光测量示意图

$$\tan\alpha = \frac{Z}{b-X} \tag{9.12}$$

联立两式可得点 P 的三维坐标：

$$X = \frac{\tan\alpha \cdot b \cdot u}{f + x \cdot \tan\alpha}, \quad Y = \frac{\tan\alpha \cdot b \cdot v}{f + x \cdot \tan\alpha}, \quad Z = \frac{\tan\alpha \cdot b \cdot f}{f + x \cdot \tan\alpha} \tag{9.13}$$

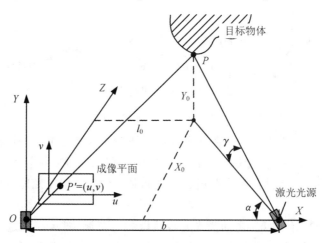

图9.12 三维结构光测量示意图

9.4 飞行时间测量法

飞行时间(time of flight,TOF)测量法，又称激光雷达测量法。它能够连续发射光脉冲（一般是不可见光）到被观测物体上，然后用传感器接收从物体反射回去的光，通过探测光脉冲的飞行（往返）时间来获得与被观测物体之间的距离。TOF系统由发射二极管、接收二极管、调制模块、解调模块、处理器等组成。飞行时间测量示意图如图9.13所示。

TOF系统由发射二极管、接收二极管、调制模块、解调模块、处理器等组成。调制模块负责通过发射二极管发射红外波，解调模块负责对接收二极管捕获的反射红外波进行解调。处理器将测得的相位差换算成深度信息。TOF测量法根据调制方法的不同，一般可以分为两种：脉冲调制(pulsed modulation)和连续波调制(continuous wave modulation)。

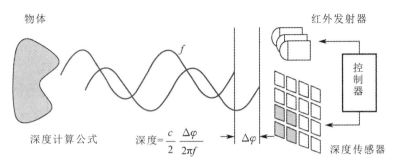

图 9.13 飞行时间测量示意图

TOF 深度相机对时间测量的精度要求较高,即使采用最高精度的电子元器件,也很难达到毫米级的精度。因此,在近距离测量领域,尤其是 1 m 范围内,TOF 深度相机的精度与其他深度相机相比还具有较大的差距,这限制了它在近距离高精度领域的应用。目前的消费级 TOF 深度相机主要有微软的 Kinect V2、MESA 的 SR4000、Google Project Tango 中使用 PMD Tech 的 TOF 深度相机等。这些产品在体感识别、手势识别、环境建模等场景应用较为广泛,最典型的就是微软的 Kinect V2。

9.5 四种 3D 测量方法的比较

四种主流的 3D 测量方法,没有单独一种方法适用于所有的三维测量场景。双目视觉测量法、结构光测量法在诸如人脸识别、拆码垛定位、静态尺寸测量等场景得到了广泛应用。激光三角测量法适用于高速动态(流水线)场景。TOF 测量法鲁棒性高,主要应用于距离估计、视觉导航和动态识别或跟踪。表 9.2 给出了四种 3D 测量方法的比较。

表 9.2 四种 3D 测量方法的比较

项目	双目视觉测量法	激光三角测量法	结构光测量法	TOF 测量法
精度	毫米级至微米级	厘米级至微米级	厘米级至微米级	厘米级至毫米级
算法复杂度	高	低	高	低
扫描速度	中	快	慢	快
抗干扰能力	中	高	差	中
成熟度	高	高	中	高
硬件成本	中	中	高	低

习 题

9.1 比较四种测量方法的优缺点。
9.2 3D 视觉测量的应用领域有哪些?
9.3 简要列出 3D 视觉测量技术的发展趋势。
9.4 如何选择合适的 3D 视觉测量设备?

第 10 章 典型案例分析

程序资源包

前几章内容涵盖了图像处理的几种方法、机器人视觉系统的标定,以及 3D 视觉测量的基础理论知识。本章将基于这些知识,探讨实际生产过程中应用的机器人视觉技术。

10.1 概 述

机器人视觉技术利用成像技术捕捉目标的图像,再经过高效的图像处理与识别算法,从这些图像中提取目标的尺寸、位置、光谱结构、缺陷等关键信息。这使得机器人能够执行一系列任务,包括产品检验、分类与分组,在装配线上的运动引导,零部件的识别与定位,以及生产过程中的质量监控和过程反馈。在这些过程中,视觉技术为机器人提供了至关重要的环境感知信息,其主要作用包括以下方面。

(1) 尺寸测量:主要是指把获取的图像像素信息转换为常用的度量单位,然后在图像中精确地计算出物体的几何尺寸,具有精度高、效率高以及能够测量复杂形状的优势。

(2) 外观检测:主要针对产品的外观缺陷进行检查,常见的缺陷包括表面装配缺陷、表面印刷缺陷、表面形状缺陷等。

(3) 模式识别:涉及对已知模式的物品进行识别,包括对外形、颜色、图案、数字、条码等简单特征的识别,以及对信息量更大或更抽象特征的识别,如人脸、指纹、虹膜等。

(4) 视觉定位:在识别物体的基础上,精确地确定物体的位置和姿态信息。

10.2 视 觉 测 量

在工业自动化生产线中,待测量的工件通常具有特定的几何形状,其长度、角度、孔径、直径、高度等参数是典型的待测几何参数。传统尺寸测量方法通常使用塞尺、千分尺、游标卡尺等工具,对工件的特定几何参数进行多次测量后取平均值。这些工具虽然操作简便、成本低廉,但存在测量精度低、测量速度慢、数据处理复杂等缺点,难以适应大规模自动化生产的需要。

相比之下,基于视觉技术的尺寸测量具有精度高、速度快、成本低和易于安装的优点,其非接触性、实时性、灵活性和精确性等特点有效解决了传统测量方法存在的问题,在重复性和机械性的测量任务中显示出强大的应用潜力。此外,视觉尺寸测量不仅能获取工件的尺寸参数,还能根据测量结果提供在线实时反馈,实现工件外观尺寸的自动测量和评估。

案例1：常见形状的物体尺寸测量

在矩形测量中，采用的参数是"BoundingBox"，它能够确定包含目标图像区域的最小外接矩形的位置和尺寸，然后使用 rectangle 函数绘制该外接矩形，从而直观地显示测量的目标对象。在圆形测量中，采用的参数包括质心（centroid）、长轴长度（major axis length）和短轴长度（minor axis length）。这些参数能够确定目标区域的质心，与该区域具有相同归一化二阶中心矩的椭圆长轴和短轴长度。利用该质心可以精确定位圆形的中心点，通过计算长轴和短轴长度之和，可以推算出圆形的半径。最后，使用 viscircles 函数绘制一个圆，从而直观地显示测量的目标对象。具体如下。

（1）选择矩形测量，选择目标图像，框选目标物体，可以显示测量结果（见图10.1）。

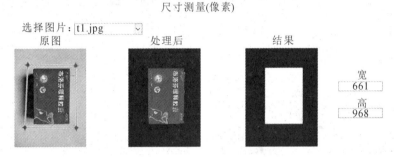

图 10.1　矩形测量结果

（2）选择圆形测量，选择目标图像，框选目标物体，可以显示测量结果（见图10.2）。

图 10.2　圆形测量结果

10.3　视觉检测

在产品制造过程中，表面缺陷的产生往往是不可避免的。不同产品的表面缺陷有着不同的定义和类型。一般而言，表面缺陷是产品表面局部物理或化学性质不均匀的区域，如金属表面的划痕、斑点、孔洞，非金属表面的夹杂、破损、污点等。表面缺陷不仅影响产品的美观和舒适度，也会对其使用性能带来不良影响。

人工检测是产品表面缺陷的传统检测方法，该方法抽检率低、准确性不高、实时性差、效率低、劳动强度大、受人工经验和主观因素的影响较大，而视觉检测方法可以对产品的表面缺陷进行检测，以便及时发现缺陷产品并加以控制，从而杜绝或减少缺陷产品的产生，很大程度上能够克服上述弊端。视觉表面缺陷检测系统主要包括图像获取模块、图像处理模块、图像分析模块、数据管理及人机接口模块，具体功能如下：

(1) 图像获取模块由工业相机、光学镜头、光源及其夹持装置等组成,其功能是完成产品表面图像的采集;

(2) 图像处理模块主要涉及图像去噪、图像增强与复原、缺陷的检测和目标分割;

(3) 图像分析模块主要涉及特征提取、特征选择和图像识别;

(4) 数据管理及人机接口模块可在显示器上立即显示缺陷类型、位置、形状、大小,对图像进行存储、查询、统计等。

如图 10.3 所示,以工业产线的齿轮工件为例,利用视觉技术完成表面缺陷检测。

(a) 待检测工件

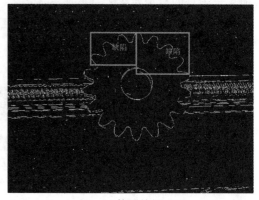
(b) 检测结果

图 10.3 视觉缺陷检测

10.4 视觉识别

视觉识别是指利用机器学习和计算机视觉对数字图像或视频中的对象进行自动识别和分类,包括物体检测、角点检测和人脸识别等。视觉识别的主要原理是先对由图像采集设备采集的图像进行数字化处理和特征提取,然后将提取出的特征与训练好的模型进行比较匹配,以实现对目标的自动识别和分类。

(1) 图像预处理:包括去噪、去纹理、平滑和边缘检测等操作,以使图像能够更好地被计算机识别和分析。

(2) 特征提取:对待识别对象的某些特定区域进行关键特征提取。这些特征可以包括颜色、形状、纹理、大小、边界等。

(3) 分类模型训练与匹配:用已知标记数据(例如已正确分类的图像)来训练分类模型,进行多轮迭代训练来提高准确性。接着,使用已训练好的算法,传入新的未曾识别的数据样本,匹配相似特征的样本并给予标记分类。

案例 2:指纹识别

利用 MATLAB 实现五个指纹的录入,并且在提供一个特定指纹时,能够识别出该指纹是否为这五个指纹之一,同时指出具体是哪一个。图 10.4 给出了指纹识别的基本流程。

指纹识别的图像处理结果如图 10.5~图 10.11 所示。

案例 3:汽车车牌识别

确定汽车车牌识别系统的应用场景和具体需求,收集不同环境条件下的车牌图像数据,

第 10 章 典型案例分析

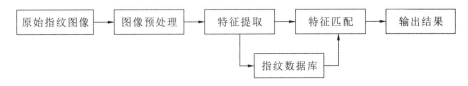

图 10.4　指纹识别基本流程

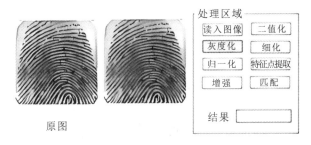

图 10.5　灰度化结果

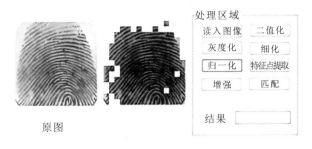

图 10.6　归一化结果

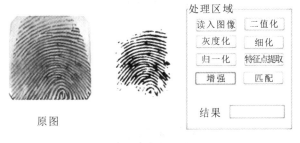

图 10.7　图像增强结果

进行汽车车牌的定位与字符识别，主要流程如下。

（1）图像读取与预处理：使用 MATLAB 函数读取图像，并对其进行灰度化、边缘增强处理。

（2）车牌定位：使用 MATLAB 函数进行车牌区域的定位和提取。

（3）字符分割与识别：结合图像处理和机器学习技术实现字符分割和识别。

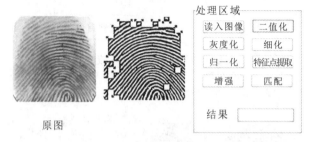

图 10.8　图像二值化结果

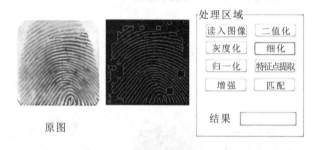

图 10.9　图像细化结果

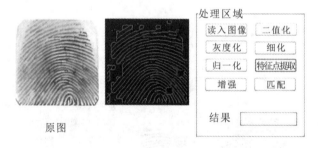

图 10.10　图像特征点提取结果

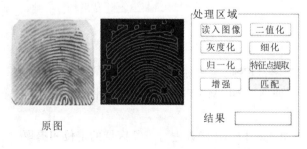

图 10.11　图像特征匹配结果

(4) 识别率：使用大量真实场景的车牌数据对系统进行验证，评估其在不同条件下的准确性。

(5) 系统集成与测试：将各个模块整合为一个完整的车牌识别系统，并进行测试和调优，确保系统的准确性和稳定性。

图 10.12 给出了利用 MATLAB 制作的汽车车牌识别 GUI 界面。车牌字符分割和识别结果如图 10.13 所示。

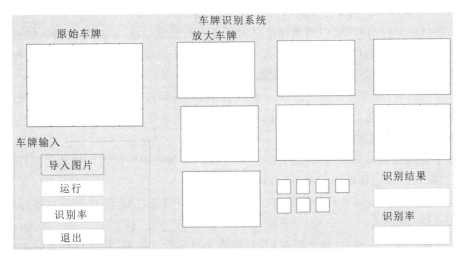

图 10.12 汽车车牌识别 GUI 界面

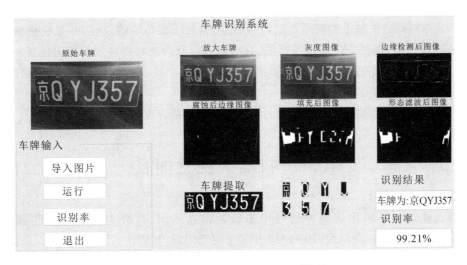

图 10.13 车牌字符分割和识别结果

10.5 视觉定位

机器人视觉导引是指利用机器人视觉技术来实现机器人在特定环境下感知和理解视觉信息，并引导机器人进行准确的导航和操作过程，主要步骤如下。

(1) 图像采集：利用一台或多台相机来获取环境中的图像信息。相机将光学信号转化为图像，而光学传感器则负责将光学信号转化为电信号。相机往往需要具备高分辨率、高灵敏度和高帧率等特点，以便能够快速捕捉到环境的变化。

（2）图像预处理：利用一系列算法和技术对采集到的图像进行增强和优化，以提高后续目标检测和识别的准确性。常见的图像预处理操作包括去噪、图像增强、色彩空间转换、图像平滑等。图像预处理可以使图像更加清晰，减少噪声干扰。

（3）目标检测与识别：通过对预处理后的图像进行分析和处理，机器人可准确地检测和识别出目标物体 ROI。包括特征提取、模式匹配、机器学习等。

（4）路径规划：分析环境中的地理信息和机器人的位置信息，以确定机器人的最佳路径规划。路径规划可以通过基于图搜索、A*算法、遗传算法等方式来实现，以保证机器人在导航过程中能够避开障碍物并找到最优路径。

（5）运动控制：通过分析和处理检测到的目标信息，结合规划的路径，实现对机器人运动的控制。运动控制可以通过位置控制、速度控制、力控制等方式来实现。

案例 4：机器人的视觉定位抓取

机械手的功能就是对取到的来料进行位置检测，检测完成后再进行自动调整，把来料放入料盘，然后对已经组装好的成品进行检测。

（1）视觉设备检测到来料的位置信息或者有无来料信息之后，经过处理后再标定，然后把信息传递给机械手。

（2）机械手收到信息后，证明有料，并且知道来料在什么位置，然后执行抓取动作。

（3）抓取后，机械手将来料移动到相机位置拍照并判断在抓取过程中物料有没有发生偏移。

（4）当物料到达机械手的夹爪上之后，判断物料处于夹爪中的位置，并把在机械手上的位置信息进行传递，机械手根据设备提供的位置信息，准确地将物料放到指定位置。

（5）完成上述动作后，成品检测相机会对组装后的产品进行检测，对产品的组装位置、缝隙偏差等信息进行判断。

（6）检测相机的数据会传递给机械手，并判断组装是否成功。

10.6　机器人视觉伺服

机器人视觉伺服根据从图像信号中提取的信息不同，可分为基于位置的视觉伺服（PBVS）、基于图像的视觉伺服（IBVS）以及混合视觉伺服（HVS）。

1. 基于位置的视觉伺服（PBVS）

如图 10.14 所示，PBVS 的控制信号是机器人的位姿信息。PBVS 利用相机内参数以及目标物的结构模型，根据图像信号对目标物体进行三维重建，将视觉传感器的二维信号转化为三维信号，从而获取机器人的位姿信息，并最小化当前位姿和期望位姿的误差进行机器人控制，完成视觉伺服任务。该方法高度依赖机器人和相机的标定精度，并不适用于无标定条件下的视觉伺服。

2. 基于图像的视觉伺服（IBVS）

如图 10.15 所示，基于图像的视觉伺服（IBVS）选用图像特征点作为控制信号，利用图

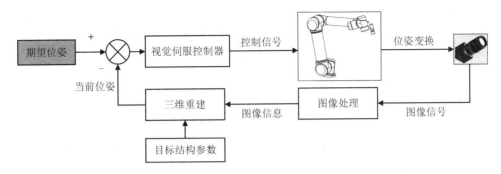

图 10.14 基于位置的视觉伺服框图

像雅可比矩阵描述机器人运动和图像特征之间的非线性关系,然后研究无标定条件下图像雅可比矩阵的在线估计和比例控制器的设计。在实际应用中,IBUVS 方法除了使用目标物体的点特征外,还可以利用消失点、多面体结构的线特征、图像矩作为图像信息的特征进行视觉伺服。IBUVS 虽然在无标定条件下表现出极好的稳定性,但依然存在局部最优、图像雅可比奇异、目标解的稳定性区域较小、机器人轨迹路径长等问题。

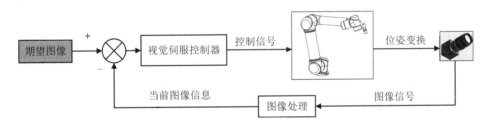

图 10.15 基于图像的视觉伺服框图

3. 混合视觉伺服(HVS)

如图 10.16 所示,HVS 结合 PBVS 和 IBVS 方法,利用图像信息控制平移运动,利用位姿信息控制旋转运动。HVS 同时在三维空间和图像空间进行控制,且对标定误差具有较好的鲁棒性,也适用于无标定条件。

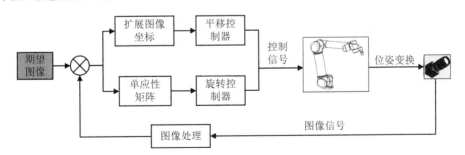

图 10.16 混合视觉伺服框图

4. 图像雅可比矩阵

机器人雅可比矩阵描述机器人末端速度与其关节速度之间的关系,即

$$\dot{r} = J_q(q)\dot{q} \tag{10.1}$$

式中:$\dot{q}$ 为 n 自由度的机器人关节速度矢量;$\dot{r}$ 是机器人末端在笛卡儿空间的运动速度;

$J_q(q)$ 是机器人雅可比矩阵。

图像雅可比矩阵将图像信息随时间的变化映射为机器人末端的运动速度,即

$$\dot{y} = J_r(r)\dot{r} \tag{10.2}$$

式中:$J_r(r) \in \mathbb{R}^{m \times n}$ 是图像雅可比矩阵;$\dot{y}$ 为图像特征点 $y = [y_1, \cdots, y_m]^T$ 的速度矢量。

结合式(10.1)和式(10.2),可得

$$\dot{y} = J_r(r) \cdot J_q(q) \cdot \dot{q} = J_e \cdot \dot{q} \tag{10.3}$$

式中:J_e 是全局雅可比矩阵,其将机器人关节变化映射为图像特征点的像素变化。

案例 5:UR5e 机器人的视觉伺服

结合机器人工具箱(robotics toolbox),设计了在图像视觉伺服下,UR5e 机器人带相机从一个位置移动到目标位置的仿真实验。

目标点设置为(0.5,0.5,0.6),然后根据目标点在机器人基坐标系中生成四个目标特征跟踪点(见图 10.17(a)),并连成一个正方形。然后在相机的像素坐标平面下绘制目标跟踪点的像素位置,见图 10.17(b)中大正方形的四个顶点。像素坐标可以由图像读出,图中还有一个小正方形,小正方形的四个顶点是由目标点生成的四个目标跟踪点从机器人的基坐标系映射到相机的二维像素坐标平面得到的。其原理是将相机模型中的三维平面向二维平面映射,具体坐标可从代码中得知。从小正方形到大正方形的过渡中,有很多的小红点生成,每生成四个正方形的小红点,代表着迭代跟踪一次。可以看出,这些点逐渐逼近大正方形,意味着在每一次的跟踪迭代中,过程是收敛的。这一点也可以从机器人的末端执行器的偏离误差图中看出(见图 10.17(c))。当误差收敛值低于设定的误差阈值时,代表跟踪完成。图 10.17(d)是像素坐标中的四个点的误差收敛图,每个点的误差分为 X 方向和 Y 方向,一共有四个点,在图中有八条收敛曲线。由图可以看出八条收敛曲线都趋向于零,表示运动过程是收敛的。

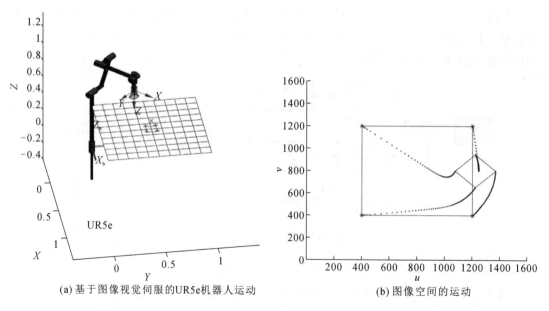

(a) 基于图像视觉伺服的UR5e机器人运动　　(b) 图像空间的运动

图 10.17 视觉伺服框图

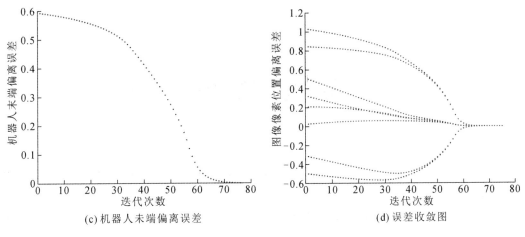

(c) 机器人末端偏离误差 (d) 误差收敛图

续图 10.17

习 题

10.1 视觉测量和视觉检测技术有何区别?

10.2 在视觉伺服中,图像雅可比矩阵的作用是什么?

10.3 列举一个机器人视觉应用的场景案例。

参 考 文 献

[1] 熊有伦,李文龙,陈文斌,等.机器人学:建模、控制与视觉[M].2版.武汉:华中科技大学出版社,2020.

[2] CORKE P.机器人学、机器视觉与控制——MATLAB算法基础[M].刘荣,等译.北京:电子工业出版社,2016.

[3] SONKA M,HLAVAC V,BOYLE R.图像处理、分析与机器视觉[M].兴军亮,艾海舟,等译.4版.北京:清华大学出版社,2016.

[4] 孙学宏,张文聪,唐冬冬.机器视觉技术及应用[M].北京:机械工业出版社,2021.

[5] SZELISKI R. Computer vision:algorithms and applications[M]. 2nd ed. Cham:Springer Nature Switzerland AG,2022.

[6] 卡斯特恩·斯蒂格,马克乌斯·乌尔里克,克里斯琴·威德曼.机器视觉算法与应用[M].杨少荣,段德山,张勇,等译.2版.北京:清华大学出版社,2019.

[7] 肖苏华.机器视觉技术基础[M].北京:化学工业出版社,2021.

[8] 陈兵旗,滦习卉子,陈思遥.机器视觉技术:基础及实践[M].北京:化学工业出版社,2023.

[9] 陈杰.MATLAB宝典[M].4版.北京:电子工业出版社,2013.

[10] 秦襄培,郑贤中.MATLAB图像处理宝典[M].北京:电子工业出版社,2011.

[11] BIRKFELLNER W. Applied medical image processing:a basic course[M]. 3rd ed. Boca Raton:CRC Press,2024.

[12] BURGER W,BURGE M J. Digital image processing:an algorithmic introduction[M]. 3rd ed. Berlin:Springer,2024.

[13] 范九伦.灰度图像阈值分割法[M].北京:科学出版社,2020.

[14] 彭凌西,唐春明,彭绍湖,等.图像分割原理与技术实现[M].北京:科学出版社,2024.

[15] 王健,卫善春,林涛,等.图像形态学在初始焊接位置检测中的应用[J].焊接学报,2012,33(4):21-24,114.

[16] JIANG X Y,MA J Y,XIAO G B,et al. A review of multimodal image matching:methods and applications[J]. Information Fusion,2021,73:22-71.

[17] ZHANG Z Y. A flexible new technique for camera calibration[J]. IEEE Transactions on Pattern Analysis and Machine Intelligence,2000,22(11):1330-1334.

[18] 付中涛,饶书航,潘嘉滨,等.基于LMI-SDP优化的机器人手眼关系精确求解[J].机械工程学报,2023,59(17):109-115.

[19] FU Z T,PAN J B,PAPASTAVRIDIS E S,et al. A dual quaternion-based approach for coordinate calibration of dual robots in collaborative motion[J]. IEEE Robotics

and Automation Letters,2020,5(3):4086-4093.

[20] HONG H Y,YAN G L,ZHANG X H,et al. An AFM-based methodology for planar size and local 3D parameters of large workpieces[J]. Measurement,2022, 205:112124.

[21] LYNCH K M,PARK F C. Modern robotics:mechanics,planning,and control[M]. Cambridge:Cambridge University Press,2017.

[22] 高工咨询.2024年机器视觉产业发展蓝皮书[Z].2024.

[23] 维科网产业研究中心.2024"机器人+"行业应用创新发展蓝皮书[Z].2024.